하루 —— 5분
말놀이 태교동요

하루 5분
말놀이 태교동요

엄마·아빠 목소리로 전하는 감성 태교

강물처럼 글 | 위현송 그림

위즈덤하우스

세상에서 가장 아름답고 신비로운
280일간의 추억을 위하여

Y

아이가 배 속에 있을 때 엄마, 아빠는 수다스러워집니다.

틈만 나면 배를 쓰다듬으며 무슨 말이든 중얼거립니다. 아이를 위해 세상의 온갖 좋은 말들을 다 들려주고 싶은 게 부모의 마음입니다.

우리 부부도 그랬습니다.

하루하루 마음 속 이야기들을 들려주다 보니 언제부터인가 운율이 생겨났습니다.

그렇게 마음의 말들이 모여 동시가 되었습니다.

할 말이 떠오르지 않는 날에는 그냥 흥얼흥얼 콧노래를 부르기도 했습니다.

그 선율들이 모여 동요가 되었습니다.

동시와 동요를 들려줄 때마다 아이는 폭풍 태동으로 자기 마음을 전해오곤 했습니다.

밤마다 아이를 위해 동시와 동요를 들려주다 보니 조금씩 이야기가 만들어졌습니다.

그 이야기들이 모여 동화가 되었습니다.

하루는 동시를 들려주고, 하루는 동요를 흥얼거리고, 또 하루는 이야기를 낭송하며 우리 셋은 280일 동안 더없이 행복하고 아름다운 시간을 누렸습니다. 그 선물 같은 나날을 이 책에 곱게 담았습니다.

아이가 태어난 뒤에도 우리는 밤마다 동요를 불러주고 동시와 동화를 들려주었습니다. 그때마다 아이는 태동할 때 그랬던 것처럼 동요의 리듬과 엄마, 아빠의 목소리에 또렷이 반응하고 교감했습니다. 아내는 깜짝 놀랐습니다.

"어머, 다 기억하고 있구나!"

아이는 엄마 배 속에 있을 때의 일을 모두 기억하고 있었습니다. 태교가 왜 중요한지, 왜 태아 때부터 한 살을 세는지 그때 알았습니다. 이제 독자 여러분도 그 신비로운 체험을 마음껏 누리시기 바랍니다.

엄마, 아빠가 한 마음으로 태교 동요를 불러주고, 동화를 읽어주며 280일간의 기적 같은 시간을 보낸 다음엔 태어난 아이에게 이 책을 선물해주세요. 예비 부모에게는 태교를 위한 책으로, 그리고 출산 후에는 아이가 가장 즐겨 듣는 동요집, 동화집이 될 수 있을 겁니다.

이 책에 실린 글과 그림, 시와 곡들은 많은 분들의 도움이 있었기에 빛을 볼 수 있었습니다.

직접적인 영감과 아이디어로 창작에 힘을 보태준 '영혼의 동반자' 소원 님, 새로운 세상에 눈 뜨게 해준 나의 사랑하는 딸, 그리고 아낌없이 격려해주신 가족들에게 깊은 애정과 감사를 전합니다.

책에 동봉된 CD 속 노래는 유명 가수인 박상민 님의 아름다운 두 딸 박가경, 박소윤 양이 맡아주었습니다. 소윤 양이 초등학교 6학년, 가경 양이 중학교 2학년 때의 목소리가 이번 음원에 들어 있습니다. 녹음 당시 두 사람은 영재 1%로 판명됐던 SBS 〈영재발굴단〉을 비롯, Mnet 〈위키드〉, SBS 〈K팝스타〉 등 각종 프로그램에서 맹활약하던 시기입니다. 박상민 님과 그의 아내도 중간중간 녹음실에 들어가 아이들의 음원에 여러 소리를 입혔습니다. 좋은 취지라며 선뜻 재능기부에 나서준, 화목한 박상민 님 가족에게 진심 어린 감사의 인사를 표합니다.

아울러 밤을 새며 프로듀싱을 맡아준 실력파 프로듀서 백일하 님, 그리고 편곡을 도운 작곡가 이홍범 님, 유명 작곡가 집단 '영웅', 아무런 비용을 받지 않고 수개월간 작업실과 음원을 내어준 2%엔터테인먼트, 그리고 출판을 선뜻 받아준 위즈덤하우스와 빼어난 그림을 더해준 위현송 작가님께도 다시금 고개 숙여 인사드립니다.

이렇게 읽어주세요

엄마, 아빠의 마음과
사랑을 전하는
최고의 방법

하나

여기에 쓰인 작품은 중요한 원칙을 지니고 있습니다. 동물의 주요 습성, 캐릭터 등을 포착해 유익한 일화를 곁들이며 풍부한 상상력을 제공하되, 숫자, 방향, 색깔, 호칭 등을 자연스럽게 배우고 익힐 수 있도록 할 것. 동시의 경우 운율과 시어를 갖춘 온전한 작품이 될 것. 동요는 멜로디를 들으면 누구나 쉽게 따라 부르고, 몸이 먼저 반응해 흥겨운 춤을 추게 할 것. 이렇게 세 가지 원칙 아래 창작되었습니다. 아이가 된 듯 편안한 마음으로 동요를 부르고 동화를 읽으며 즐겨보세요. 진정한 배움은 그 시간 속에서 자연스레 싹이 틉니다.

둘

수록된 이야기들은 기발한 아이디어나 상황을 바탕으로 합니다. 딱따구리, 개미, 꽃사슴, 돌고래, 새우, 거미, 곰 등 30종이 넘는 동물 소재로부터 다양한 상상이 펼쳐집니다. 물론 재미도 있지만 우리가 평상시 무심코 지나쳤던 것들을 세세히 살피고 생각해볼 수 있는 시간도 선물합니다. 그러니 아이에게 읽어주며 부모님들도 상상력을 마음껏 펼쳐보세요.

셋

이 책에는 태교 동요 CD가 수록되어 있습니다. CD를 들으며 동요의 리듬과 가사가 익숙해졌다면, 이번엔 엄마, 아빠 목소리로 동요를 직접 불러주세요. 노래를 부르는 엄마의 행복한 기분이 아이에게도 전달되어 정서적 안정감을 느끼게 하고, 낮고 굵게 울려 퍼지는 아빠의 저음은 태아의 뇌를 자극해 두뇌발달에 도움이 된다는 연구 결과가 있습니다. 그러니 아이에게 엄마, 아빠가 함께 노래 부르는 즐거운 시간을 하루 5분만 선물해주세요.

넷

우리는 왜 태교 동화를 태아에게 들려줄까요? 태교 동화는 아이가 곧 만나게 될 세상이 얼마나 재미있고 신나는 일들로 가득한지 들려주는 특별한 이야기입니다. 동화를 읽다보면 엄마, 아빠도 어느새 신비로운 세계로 모험을 떠나는 기분을 느낄 수 있어요. 동화를 읽을 때는 엄마, 아빠가 마치 동화 속 주인공이 된 듯 캐릭터를 연기하며 읽어주세요. 이야기에 푹 빠져드는 그 순간, 태아도 엄마, 아빠가 느끼는 재미와 감동에 교감하며 건강하게 성장할 거예요.

다섯

280일간의 신비로운 시간이 흐른 뒤, 드디어 엄마, 아빠에게 찾아온 선물 같은 아이와의 만남이 기다리고 있어요. 아이가 태어나면 이 책에 수록된 동요 CD를 낮과 밤에 들려주세요. 아이는 분명 태아 때 엄마, 아빠 목소리를 통해 전해 들었던 리듬을 기억할 거예요. 동요를 듣다가 아이가 특별히 반응하고 감흥을 표현하는 곡이 있다면, 자주 들려주세요. 낮에 노는 시간에는 흥겹고 유쾌한 곡을, 잠자는 시간에는 자장가에 맞는 곡을 들려주세요. 익숙한 선율에 아이는 정서적으로 안정감을 느낄 수 있답니다.

Contents

사랑하는 아이에게
엄마, 아빠의 행복한 노랫소리를
들려줄 준비가 되었나요?
잊지 마세요.
아이에게 마음을 전하기 위해서는
그 누구보다 먼저 엄마, 아빠가 행복을 느껴야 합니다.
자, 그럼 이제 다정한 목소리로 시작해보세요.
소중하고 특별한 시간이 펼쳐집니다.

아이들은 '방귀'라는 단어만 들어도 깔깔대며 즐거워합니다. 부모님도 아이와 같은 마음으로 '뿡뿡뿡' 부분에서는 큰소리로 외치고 '읍읍읍' 부분에서는 입과 코를 막는 행동을 하며 불러주세요. 배 속의 태아도 '방귀'라는 단어의 재미있는 어감을 느낄 수 있도록 말이죠. 만약 다른 자녀가 있다면 가족 모두 불러보세요. 분명 마지막에는 모두 웃음이 터질 거예요.

방귀대장 스컹크

방귀대장 스컹크 방귀대장 스컹크
뿡뿡뿡 뿡뿡뿡

친구들아 도망쳐 친구들아 도망쳐
숨어라 숨어라

방귀대장 스컹크 방귀대장 스컹크
뿡뿡뿡 뿡뿡뿡

친구들아 도망쳐 친구들아 도망쳐
읍읍읍 읍읍읍

방귀대장 스컹크 방귀대장 스컹크
뿡뿡뿡 뿡뿡뿡

친구들아 도망쳐 친구들아 도망쳐
똥냄새 똥냄새 하하하

생김새가 닮은 듯 비슷해 보이는 동물은 어떻게 구분할 수 있을까요? 배 속의 태아와 어린아이들에게 동물을 구분해서 설명하는 가장 쉽고 재밌는 방법은 바로 울음소리입니다. 닭은 '꼬꼬댁', 오리는 '꽥꽥꽥' 하며 울음소리를 흉내 내서 불러보세요. 마지막 늑대의 울음소리는 누가 누가 더 똑같은가 겨뤄보는 것도 재미있습니다.

닭하고 오리하고

닭하고 오리하고
어떻게 달라요?

닭은 꼬꼬댁
오리는 꽥꽥꽥

소하고 말하고
어떻게 달라요?

소는 음매
말은 이히힝

강아지하고 늑대하고
어떻게 달라요?

강아지는 멍멍
늑대는 아우
늑대는 아우

입이 큰 하마와 키가 큰 기린이 만났어요. 서로의 장점을 자랑하며 더욱 친해지네요. 엄마, 아빠도 누구 입이 더 크고, 누가 더 키가 큰지 함께 재볼까요? 입 크기를 잴 때는 하마처럼 '와~' 하며 입을 크게 벌리고, 키를 잴 때는 기린처럼 '이~' 하며 다리를 늘여주세요. 배 속의 우리 아이도 세상에 나오면 엄마, 아빠와 함께 해보아요.

하마랑 기린이랑

누가 누가 입이 클까요?

하마 입이 클까? 내 입이 클까?
엄마 입이 클까? 아빠 입이 클까?
와~ 와~

누가 누가 키가 클까요?

기린 키가 클까? 내 키가 클까?
엄마 키가 클까? 아빠 키가 클까?
이~ 이~

이렇게 불러요

노래를 부르며 1부터 10까지 숫자 세는 방법을 자연스럽게 익히고 배워요. 곰과 양 같은 동물을 세는 단위가 '마리'라는 것도 노래하며 흥얼거리다 보면 자연스럽게 전할 수 있어요.

곰 열 마리

여기야 다 모여 봐!

곰 한 마리 곰 두 마리
곰 세 마리 곰 네 마리
곰 다섯 마리 곰 여섯 마리
곰 일곱 마리 곰 여덟 마리
곰 아홉 마리 곰 열 마리
곰 가족 모두 다 모였네

양 한 마리 양 두 마리
양 세 마리 양 네 마리
양 다섯 마리 양 여섯 마리
양 일곱 마리 양 여덟 마리
양 아홉 마리 양 열 마리
양 가족 모두 다 모였네

와, 다 모였다!

호호 호랑이 하하 하마

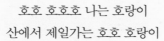

호호 호호호 나는 호랑이
산에서 제일가는 호호 호랑이

호호 호호호 호호 호호호
호호 호호호 호호 호랑이

하하 하하하 나는 하마
강에서 제일가는 하하 하마

하하 하하하 하하 하하하
하하 하하하 하하 하~마
하하 하하하 하하 하~마!

이렇게 불러요

뿔이 멋진 꽃사슴들이 우연히 만나 반갑게 인사를 합니다. 그러다 그만 서로 뿔에 걸려 학교에 지각하네요. 엉뚱한 상상력이 가득한 이야기를 아이와 함께 나누는 시간을 많이 가지세요. 엉뚱함은 때로 신선하고 기발한 생각의 원천이 될 수 있습니다.

학교 늦은 꽃사슴

뿔 하나 뿔 둘 꽃사슴
학교를 가다 친구 만났네

반가워 인사하다
뿔이 걸려 늦었네
뿔이 걸려 늦었네

뚜 뚜루뚜뚜 뚜뚜뚜
뚜 뚜루뚜뚜 뚜루루
뚜 뚜루 뚜뚜뚜루
뚜뚜뚜 뚜루루

뿔 하나 뿔 둘 꽃사슴
학교를 가다 짝꿍 만났네

반가워 인사하다
뿔이 걸려 미안해
뿔이 걸려 미안해

방귀대장 스컹크

"딩동댕동 딩동댕동."

때마침 학교에서는 수업 시작을 알리는 종이 울려 퍼졌어요. 닭, 오리, 하마, 기린 등 동물 나라 학생들은 서둘러 제자리에 앉았어요.

오늘은 유난히 햇살이 밝은 날이에요. 학교 담장 옆, 졸졸졸 흐르는 개울물 소리도 평화롭게 들려오네요.

"어험, 기분 좋은 아침이에요. 오늘은 우리 학교에 반가운 친구가 전학을 왔어요. 앞으로 사이좋게 지내고, 친구가 모르는 게 있으면 잘 돌봐주도록 해요."

호랑이 선생님의 목소리는 언제나 늠름하고 우렁찹니다.

그러고 보니 호랑이 선생님 곁에 까맣고 조그마한 친구가 수줍게 서 있었어요. 이웃 마을에서 전학 온 학생인가 봐요.

"안녕 친구들, 나는 스컹크라고 해. 앞으로 잘 부탁해."

"반가워, 앞으로 사이좋게 지내자."

친구들은 입을 모아 스컹크를 반겼습니다.

스컹크는 체구는 작았지만 아주 야무지게 생겼어요. 빗어 넘긴 머리
는 꽤나 멋졌고, 풍성하게 솟아오른 꼬리, 그리고 몸통을 따라 흐르는
흰색 줄은 특히 세련되어 보였죠.

학교 친구들은 모두 스컹크와 짝꿍이 되고 싶은 눈치였어요.

"어디 보자, 누가 짝꿍이 없나?"

"여기요, 선생님! 제 옆자리가 비었어요."

교실 끝에 앉은 곰이 손을 번쩍 들고 큰소리로 외쳤어요. 곰은 스컹
크가 무척 마음에 들었나 봐요. 그렇게 곰과 스컹크는 짝꿍이 되었고,
둘은 금세 단짝 친구가 되었어요.

그러던 어느 날 방과 후의 일이에요.

여우가 숲속을 걸어가고 있을 때였어요. 갑자기 숲 어디에선가 엄청
나게 큰 굉음이 들려왔어요.

"빵! 빠앙! 빠아앙~ 뿡! 뿌우웅."

"어머나! 깜짝이야. 도대체 이게 무슨 소리지?"

그 소리가 얼마나 큰지 여우는 깜짝 놀라 바닥에 털썩 주저앉았어요. 커다란 굉음 뒤에는 엄청나게 거센 바람이 휘몰아쳤죠. 마치 태풍이 몰려온 듯 나무가 세차게 흔들렸어요.

여우는 바람에 날려 가지 않도록 나무를 꼭 붙들었어요. 냄새는 또 얼마나 지독한지 코와 입을 막지 않았다면 정신마저 잃었을 거예요.

바람이 잠잠해진 후 여우는 겨우 정신을 차렸어요. 그때 어디선가 낯익은 목소리가 들려왔어요. 여우는 소리가 나는 쪽으로 귀를 쫑긋 세웠어요.

"아이, 시원하다. 수업 끝날 때까지 방귀를 참느라 혼났네."

"응? 이건 스컹크 목소리 같은데?"

여우가 조용히 숨죽이고 있는 사이, 누군가가 바스락 소리를 내며 숲속에서 걸어 나와 모습을 드러냈어요. 그건 바로 같은 반 친구 스컹크였어요. 엉덩이를 씰룩이며 등장한 스컹크는 조심스럽게 주위를 살핀 뒤 아무 일 없었다는 듯 종종걸음으로 숲을 떠났어요.

그러고 보니 스컹크가 전학을 온 뒤로 학교 근처 숲속에서는 요란하고 세찬 바람이 종종 불어닥치곤 했어요.

다음 날 학교에서는 작은 소동이 일어났어요. 여우는 어제 겪은 일을 친구들에게 알렸고, 소문은 삽시간에 퍼져 모두들 "스컹크가 이상해" 하며 쑥덕대기 시작했어요.

여우는 아무것도 모르는 곰에게도 허겁지겁 달려가 말을 건넸어요.

"곰아! 큰일 났어. 네 짝꿍 스컹크가 무시무시한 태풍 방귀를 뀌는 걸 내가 봤어. 냄새는 또 얼마나 지독한지……. 스컹크하고 가까이 지내면 너도 다칠 수 있으니까 조심해."

소문이 퍼지고 친구들의 행동이 이상해지자 스컹크도 금세 눈치를 챘어요.

"친구들이 놀랄까 봐 억지로 참았는데……. 피해 안 가도록 수업이 끝나고 친구들 몰래 산에 가서 방귀를 뀐 건데, 내 마음도 몰라주고, 칫!"

스컹크는 서운한 마음이 들었어요.

하마 선생님이 담당하는 체육 시간이었어요. 스컹크는 그날따라 속이 부글부글하며 금방이라도 방귀가 나올 것 같았지만 엉덩이에 힘을 주며 꾹 참았어요.

"여러분, 오늘은 줄다리기를 해볼까요? 편을 나눠서 왼편에 있는 학생들은 줄을 왼쪽으로, 오른편에 있는 친구들은 줄을 오른쪽으로 잡아당기는 거예요. 알았죠?"

스컹크는 불안했어요. 줄을 당기느라 힘을 주면 왠지 어마어마한 방귀가 터져 나올 것 같았거든요. 그래서 정말 조심조심했어요.

줄다리기가 시작되자 팽팽하게 당겨진 줄이 왼쪽으로 갔다 오른쪽으로 갔다 하며 이리저리 움직였어요. 친구들은 열심히 줄을 당겼어요.

"영차, 영차, 영차, 영차!"

줄을 당기는 시늉만 하며 방귀를 꾹 참고 있던 스컹크는 차츰 한계에 도달했어요. 줄이 마구 움직이고, 친구들과 몸이 부딪히던 바로 그때.

"뿌앙! 뿌욱! 펑! 슈우욱."

굉음이 울려 퍼지는 동시에 폭풍이 불어닥친 듯 엄청난 바람이 불었어요.

"으악, 나 살려."

운동장은 온통 쑥대밭이 되었어요. 여우도, 토끼도, 꽃사슴도, 그리고 곰 친구도 갑작스럽게 불어온 센바람에 떠밀려 나뒹굴었어요.

모두 운동장 주변에 있는 나무를 붙들고 버텼어요. 그러지 않으면 하늘로 날아갈 것 같았거든요. 그뿐만이 아니었어요. 숨도 못 쉴 만큼 지독한 냄새가 운동장을 가득 메웠어요.

"아니, 이게 무슨 일이야."

그제야 선생님과 친구들은 모두 스컹크의 비밀을 알게 되었어요.

한바탕 소동이 끝난 후 친구들은 너무 놀라 아무 말도 할 수가 없었어요. 그저 멍한 얼굴로 물끄러미 스컹크를 바라볼 뿐이었어요.

스컹크는 생각했어요.

'또 전학을 가야 하나? 나는 여기 친구들이 좋은데…….'

다음 날 스컹크는 학교에 가지 않았어요.

대신 마음껏 방귀나 뀔 생각으로 숲속으로 향했죠.

"모두 나를 싫어하면 다시 전학 가지 뭐. 칫! 그런데 내 방귀는 왜 이렇게 참기가 힘든 거야."

그때였어요. 저 멀리 숲속 중앙에서 흰색 연기가 피어나는 게 보이더니 금세 빨간 불기둥이 솟아올랐어요. 불길은 주변 나무로 점점 옮겨붙었어요.

"타닥타닥, 타닥타닥!"

나무들은 큰소리를 내며 빠른 속도로 타 들어갔어요.

불길은 하늘까지 뒤덮으며 점점 더 거세졌어요.

"큰일 났다. 이러다가 숲속 마을로 불이 번지겠어. 이를 어쩌지?"

매캐하고 시커먼 연기가 온통 숲을 채웠어요. 새들도 황급히 몸을 피하느라 부산스러운 모습이었죠.

불길은 얼마 지나지 않아 마을에 도달했어요. 학생들 모두 학교에 있는 시간인 데다 아빠와 엄마들도 일을 하러 나가서 불을 끌 동물들은 없었어요. 마을에는 거동이 불편하신 할아버지, 할머니, 그리고 아이들만 남아 있었죠.

"저기는 곰 할아버지가 계신 집인데, 어? 저곳은 여우 여동생이 있는 집인데 이를 어쩌지?"

　　잠시 머뭇거리는 사이에 불은 곰 친구네 집과 여우 친구네 집 지붕
으로 옮겨붙기 시작했어요. 이대로라면 불길이 곧 집을 통째로 삼킬 것
같았어요.

　　"여기야, 여기, 살려줘."

　　몸이 불편한 곰 할아버지가 불길에 놀라 창문을 열고 손을 흔드는 모
습이 보였어요.

　　여우 친구의 여동생도 창문을 열고 "도와주세요!"라고 소리쳤어요.

　　바로 그 순간이었어요.

　　"뿡, 뿡, 뿌우웅. 빵, 파 팡, 파아앙!"

　　위험하고 무서운 상황에 크게 놀란 나머지, 스컹크는 자신도 모르게
그만 방귀를 뀌고 말았지 뭐예요. 평상시보다 훨씬 세고 힘찬 방귀가
순식간에 터져 나오자 거센 폭풍이 휘몰아쳤어요. 그러고는 아주 놀라
운 일이 일어났어요.

　　스컹크가 뿜어낸 폭풍 방귀 바람이 힘찬 기운을 내면서 불을 휘감더

니 매서운 불길을 단숨에 꺼트렸어요.

엄청난 불은 언제 그랬냐는 듯 차츰 잦아들었어요. 꺼진 불 뒤로는 모락모락 연기가 피어올랐죠.

"아, 이렇게 하면 되겠구나!"

불길이 잡힌 것을 본 스컹크는 마을과 숲 곳곳을 돌아다니며 계속 방귀를 뀌었어요.

"뿡, 뿡, 뿌우웅. 빵, 빵, 빠아앙."

한참 동안 참아왔던 방귀를 아주 마음껏, 그리고 시원하게 뀌면서 다니다 보니 어느새 숲과 마을을 덮쳤던 불은 온데간데없이 사라졌어요.

불길을 완전히 잡은 것을 확인한 스컹크는 곰 친구 집과 여우 친구 집으로 냉큼 달려가 곰 할아버지와 여우 여동생을 부축해 나왔어요. 그러는 사이 스컹크의 얼굴은 온통 새까맣게 변했고, 주변에서 휘날리는 재가 몸에 내려앉아 작은 연기를 피워내고 있었죠.

"할아버지, 정신 좀 차려보세요. 동생아, 어디 다친 데 없니?"

그제야 일을 나갔던 동물 나라 어른들이 멀리서 뛰어오는 게 보였어요. 학생들도 학교에서 급하게 달려오고 있었어요.

웅성웅성 모여든 사람들이 모두 할아버지를 걱정했어요.

"으으으. 이젠 괜찮아."

다행히 정신을 차린 곰 할아버지는 이웃들에게 이야기했어요.

"스컹크 이 기특한 아이 때문에 살았지 뭐야. 스컹크가 폭풍 방귀를 뀌니까 불길이 삽시간에 잡혔어. 내 생명의 은인이야."

어른들이며 학생들은 모두 놀란 얼굴로 스컹크를 바라봤어요.

짝꿍인 곰이 가장 먼저 나서서 스컹크를 와락 부둥켜안았어요. 여우도 눈물을 흘리면서 스컹크를 껴안았죠.

모두가 스컹크에게 고마운 마음을 전했어요.

"스컹크야, 정말 고마워. 그리고 미안해."

몇 년이 흘렀어요.

스컹크는 학교를 졸업한 뒤 동네를 지키는 늠름한 소방관이 되었어요. 불이 나면 언제든 달려가는 그런 멋진 소방관요.

옆마을, 뒷마을 할 것 없이 스컹크 소방관은 인기가 최고였어요. 불이 나면 부리나케 달려가는 스컹크.

어디든 불이 난 곳이면 스컹크가 금세 나타나 불을 꺼주곤 했답니다. 물론 불이 모두 꺼진 뒤 지독한 방귀 냄새는 좀 났지만 말이죠.

언제부터인가 동물 나라 친구들은 그 냄새가 풍겨나면 용감하고 씩씩한 스컹크 소방관이 금방 다녀갔다는 생각에 "히히히" 하며 미소를 지었답니다.

카멜레온은 주변 온도와 빛, 그리고 감정의 변화에 따라 몸의 색깔이 바뀌는 동물로 잘 알려져 있습니다. 이런 카멜레온의 특징을 '빨주노초파남보' 색깔의 과일과 채소로 변신시켰어요. 노래를 부르다 보면 자연스럽게 과일 이름도 익히고 색에 대한 감각도 생기겠죠. 이 곡에는 구전동요인 '원숭이 엉덩이는 빨개, 빨가면 사과, 사과는 맛있어'와 같은 놀이 요소도 담아보았습니다.

빨주노초파남보 카멜레온

빨주노초파남보 카멜레온
딸기 옆에 빨갛게 변하네

빨주노초파남보 카멜레온
당근 옆에 주황으로 변하네

레몬엔 노랗게
키위엔 초록을
블루베리엔 파랗게
가지엔 남색을

빨주노초파남보 카멜레온
포도 곁에 보라색으로 변하네

빨주노초파남보 카멜레온
알록달록 제멋대로 변하네
알록달록 제멋대로 변하네

딱따구리 날아갔어요

딱딱딱딱딱딱딱 따악딱
딱따구리 함께 놀자며
예나 배를 쪼아대네요

딱따구리 엄마 함께 날아와
그러면 안 된다고 야단치네요

딱따구리 미안하다고
아프게 해서 미안하다고
사과하고 날아가네요
미안해하며 날아가네요

아프지 마라 아프지 마라
아프지 마라 호~호~
배 아픈 것 나아라 뚝!

딱따구리 함께 놀자며
예솔이 손을 쪼아대네요

딱따구리 엄마 함께 날아와
그러면 안 된다고 야단치네요

딱따구리 미안하다고
아프게 해서 미안하다고
사과하고 날아가네요
미안해하며 날아가네요

아프지 마라 아프지 마라
아프지 마라 호~호~
손 아픈 것 나아라 뚝!
손 아픈 것 나아라 뚝!

(와~ 다 나았다)

🎵 이렇게 불러요

아이는 출생 이후, 급성장기마다 찾아오는 성장통과 배앓이로 밤잠을 이루지 못할 때가 있습니다. 이럴 때 아이를 안정시키는 역할을 하는 노래입니다. 태교할 때도 틈틈이 불러주세요. 아이가 아픈 것은 딱따구리 아기새가 '함께 놀자'며 쪼아서 그런 것이고, 딱따구리 어미새가 이 사실을 알고 아기새를 야단쳐 아기새는 결국 멀리 떠납니다. 아기새가 떠났으니 이제 더 이상 아프지 않을 거라고, 안심할 수 있도록 '호호' 불어주며 다정하게 불러주세요.

물구나무 박쥐 아줌마

박쥐 아줌마 물구나무를
서는 걸 가르쳐주세요

손을 짚고서 엉덩이를 들고
하늘을 올려봐

거꾸로 보는 세상
모든 게 다 거꾸로야

엄마 거꾸로 아빠 거꾸로
모든 게 다 거꾸로 어질어질~

이렇게 불러요

박쥐는 새처럼 날 수 있는 유일한 포유류로, 음파를 통해 먹잇감을 찾고 장애물을 피해 날아다니는 독특
한 동물입니다. 거꾸로 매달려 사는 신기한 습성의 박쥐를 의인화한 노래입니다. 아이에게 거꾸로 사는
박쥐의 이야기를 해주세요. 그리고 거꾸로 서는 방법도 설명해주세요. 거꾸로 보는 세상이 얼마나 신기한
지 엄마, 아빠도 상상해보세요.

잠꾸러기 코알라에 관한 이야기입니다. 거의 나무 위에서 생활하는 코알라는 보통 하루 스무 시간씩 잠을 잡니다. 아무리 흔들어도 잠에서 깨지 않는 동물이지요. 이 노래를 자장가로 들려주세요. '잠꾸러기 코알라'를 아주 느리게 천천히 읊조리면 아이가 스르륵 잠듭니다. '아~아~' 하품 소리도 졸린 듯이 불러주세요. 태교할 때부터 이 노래를 자주 들려주세요. 그리고 아이가 태어나면 잠이 드는 시간마다 자장가로 불러주세요.

잠꾸러기 코알라

(코알라야 일어나~)

잠꾸러기 코알라 또 잠을 자네요
잠꾸러기 코알라 또 낮잠을 자요

흔들흔들 흔들어봐도
시끌시끌 소리쳐봐도

눈을 감고 눈을 감고서
잠만 잠만 잠만 자요

잠꾸러기 코알라 또 잠을 자네요
잠꾸러기 코알라 또 낮잠을 자요

잠꾸러기 코알라 코~코~
아~아~

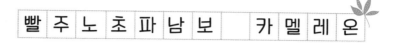

빨 주 노 초 파 남 보   카 멜 레 온

화창한 여름날이었어요.

카멜레온은 나뭇가지에 매달려 늘어지게 낮잠을 자고 있었어요. 멀리서 울려 퍼지는 찌르레기 소리가 달콤한 잠을 재촉했죠.

바로 그때였어요.

"투둑, 투두둑."

노곤하게 잠을 자던 카멜레온은 하늘에서 묵직한 무언가가 떨어지는 소리에 깜짝 놀라 잠을 깨고 말았어요.

"아이, 깜짝이야. 이게 무슨 소리야?"

눈을 비비고 일어난 카멜레온은 바로 곁에서 난생처음 보는 볼록한 주머니 하나를 발견했어요.

"응? 도대체 무슨 주머니지?"

카멜레온은 조심스럽게 손을 뻗어 주머니를 열었어요. 열린 틈 사이로 환한 불빛이 새어 나오기 시작했죠.

자세히 들여다보니 주머니 속에는 구슬 일곱 개가 들어 있었어요. 빨간색, 주황색, 노란색, 초록색, 파란색, 남색, 보라색. 일곱 개의 구슬은 저마다 다른 색깔을 지니고 있었어요.

구슬이 뿜어내는 빛이 얼마나 환하고 영롱한지 눈을 뜰 수가 없었죠.

"정말 아름답다. 어쩜 이렇게 예쁘지?"

카멜레온은 구슬을 만지려고 손을 뻗었어요. 제일 먼저 노란색 구슬이 카멜레온의 손안에 들어왔죠.

"쏴라랑."

그런데 노란색 구슬을 만진 카멜레온에게 정말 믿기 힘든 일이 일어났어요. 카멜레온의 몸이 순식간에 노란색으로 변하는 것 아니겠어요?

"어이쿠. 이게 무슨 일이지?"

카멜레온은 깜짝 놀라서 잡았던 노란색 구슬을 놓았어요. 그러자 금세 몸이 원래의 색으로 돌아왔어요.

"어? 별일도 다 있네."

혹시나 싶어 이번에는 빨간 구슬을 손에 쥐어봤어요. 그러자 이번에는 몸 색깔이 온통 빨갛게 변하는 것 아니겠어요?

"우와, 정말 신기한 구슬도 다 있네."

카멜레온은 그날 이후로 신비한 구슬 주머니를 허리춤에 차고 다니기 시작했어요.

이튿날 카멜레온이 바닷가를 거닐 때였어요.

"흑흑, 이를 어째."

한 어부가 슬프게 울고 있었어요.

"어부 아저씨, 왜 울어요?"

"사람들이 쓰레기를 마구 버려서 바닷물이 그만 이렇게 누렇게 변했단다. 그 많던 물고기도 떠나버렸고. 이제 나는 어떻게 살지?"

어부가 걱정된 카멜레온은 곰곰이 생각했어요. 그러고는 곧장 파란색 구슬을 꺼내 바닷물 속에 담갔죠.

"쏴라랑."

그러자 더러웠던 물이 금세 파란색으로 바뀌었어요.

어부는 카멜레온에게 고맙다고 인사했어요. 물이 다시 깨끗한 파란색으로 변하니 물고기도 다시 돌아왔어요.

다음 날 카멜레온이 길가를 지나는데 어느 나이 든 농부가 울고 있었어요.

"왜 그러세요, 농부 아저씨?"

"사과 농사를 지었는데 벌레들 때문인지 모두 검은색으로 썩었지 뭐야. 일 년 내내 농사를 지었는데 이를 어째."

"아저씨, 걱정 마세요."

카멜레온은 이번에는 빨간색 구슬을 꺼내 사과나무에 비볐어요. 그러자 새까맣던 사과가 밝은 기운을 머금기 시작했어요. 그리고 언제 그랬냐는 듯 다시 싱싱한 붉은빛 사과로 되돌아왔죠.

"카멜레온아! 정말 고마워."

농부는 카멜레온에게 감사 인사를 잊지 않았어요.

사람들을 도와주니 카멜레온의 기분도 좋아졌어요.

"착한 일을 하면 기분이 이렇게 좋아지는지 미처 몰랐네."

카멜레온에 대한 소문은 숲속 곳곳으로 퍼졌어요. 신기한 구슬 이야기는 결국 욕심 많은 큰 뱀에게도 흘러 들어갔죠.

숲에 사는 큰 뱀은 정말 무서운 존재였어요.

소리 없이 다가와 작은 동물들을 날름 한입에 삼켜 먹어버리곤 했거든요. 큰 동물은 무서운 독으로 온몸을 마비시켰어요. 그러고는 천천히 날카로운 이빨로 질근질근 씹어 먹었죠.

큰 뱀과 맞닥뜨린 동물들은 오들오들 떨며 도망조차 가지 못했어요. 큰 뱀과 마주하면 온몸이 순식간에 얼어붙는다고 해요.

"오, 그렇단 말이지? 그런데 왜 작고 보잘것없는 카멜레온 녀석이 그 좋은 구슬을 가지고 있는 거야?"

큰 뱀은 카멜레온이 영 못마땅했어요. 그래서 카멜레온의 뒤를 며칠째 따라다니며 호시탐탐 기회를 엿보기 시작했죠.

"녀석, 걸리기만 해봐라."

큰 뱀은 혼잣말로 중얼거리며 숲속을 오고 갔죠.

"스윽 슥슥."

그러던 어느 날 밤이었어요.

하루 종일 사람들과 친구들을 돕던 카멜레온도 지친 나머지 사과나무 가지 위에서 깊은 잠에 빠져들었어요.

그날따라 숲에는 유난히 바람이 세게 불었어요. 나뭇잎이 서로 부딪치는 소리에 작은 풀벌레 소리도 잘 들리지 않았죠.

입을 커다랗게 벌리며 슬금슬금 다가서는 뱀의 소리는 더욱 듣기 힘들었어요.

숲속에서 잠을 청하던 딱따구리도, 멀리 나뭇가지에 매달려 잠을 자던 박쥐 아줌마도, 잠꾸러기 코알라도 모두 큰 뱀이 다가오고 있다는 사실을 전혀 눈치채지 못했죠.

숲속 친구들이 아무것도 모른 채 곤히 잠을 자는 사이, 뱀은 눈을 희

뿌옇게 뜨고 날카로운 이빨을 드러낸 채 서서히 카멜레온에게 다가갔어요.

무시무시한 이빨에는 한 번 닿으면 몸이 마비되는 치명적인 독이 뚝뚝 흘러내리고 있었죠.

3미터, 2미터, 1미터, 50센티미터, 40센티미터, 30센티미터…….

"너는 이제 죽은 목숨이다. 내가 너를 한입에 삼켜주지."

바로 그때였어요.

"툭!"

뱀이 날카로운 이빨을 드러낸 채 카멜레온을 노려보던 그때, 바람에 흔들린 사과나무에서 사과 한 알이 뱀 옆으로 "툭" 하고 떨어지는 것이 아니겠어요.

그제야 눈을 뜬 카멜레온은 깜짝 놀랐어요. 입을 크게 벌린 무시무시한 뱀이 두 눈 앞에 있었으니 얼마나 무서웠겠어요.

"배, 배, 뱀이다."

소스라치게 놀란 카멜레온은 재빠르게 움직여봤지만 몸이 말을 듣지 않았어요. 카멜레온은 사시나무처럼 바들바들 떨고만 있었죠.

음흉한 뱀은 그런 카멜레온의 몸을 칭칭 휘감았어요.

이제 카멜레온은 옴짝달싹도 못 하는 처지가 됐어요.

'이렇게 죽는구나.'

절망적인 생각이 마구 밀려들었죠.

혀를 날름거리며 비열한 웃음을 짓던 뱀은 이윽고 입을 커다랗게 벌렸어요.

"으흐흐. 이제 너는 내 밥이다."

그러고선 한입에 카멜레온을 꿀꺽 삼켰죠.

정말 순식간에 벌어진 일이었어요.

"으아악."

카멜레온의 비명 소리가 울려 퍼졌어요.

끔찍했던 밤은 그렇게 흘러갔어요. 크게 놀란 박쥐 아줌마가 밤하늘을 날아다니고 있었죠.

카멜레온을 삼킨 뱀은 오랫동안 탐낸 구슬도 함께 챙겼어요.

"배도 부르고, 그렇게 가지고 싶던 구슬도 내 것이 됐어. 으흐흐."

신기한 무지갯빛 구슬을 훔친 뱀은 나쁜 마음을 머금기 시작했어요.

"흐흐. 이제는 힘들었던 사냥도 식은 죽 먹기가 됐어."

다음 날, 주변을 서성이던 큰 뱀은 채소밭에서 열심히 일하는 한 농부를 발견했어요.

"어디 보자. 주황색 구슬이 어디 갔지?"

큰 뱀은 몰래 들판으로 나아가 주황색 구슬을 꺼내 바닥에 비비기 시작했죠.

"쇄라랑~."

그러자 농부가 정성스레 가꿔온 초록색 채소밭이 금세 주황색 들판으로 변했어요. 큰 뱀은 낭패를 당한 농부에게 소리쳤어요.

"어이, 농부 양반. 내게 먹을 걸 가져오면 들판을 원래 상태로 되돌려 주지. 우하하."

농부는 어쩔 수 없이 큰 뱀에게 음식을 바쳤어요.

"아이 맛있어. 남의 것을 뺏어 먹으니 더 맛있네."

그날부터 큰 뱀은 곳곳을 다니며 사람들을 괴롭히고 음식을 빼앗아 먹었어요.

"오늘은 또 누구를 괴롭혀서 맛난 걸 뺏어 먹지?"

그 무렵 하늘나라에는 한바탕 큰 소동이 일어났어요.

"아니, 이게 도대체 어디 갔지? 아무리 찾아도 없네."

하늘나라에 사는 신은 놀란 눈으로 구슬 주머니를 찾고 있었어요.

"곧 인간 세상에 가을이 올 텐데, 그래서 들판을 노랗게 바꿔야 하는데 아무리 찾아도 구슬 주머니가 보이지 않네. 대체 어디에 간 거야?"

사실은 며칠 전 하늘나라 신의 막내딸이 아빠의 구슬 주머니를 가지고 놀다가 그만 실수로 구름 밑으로 떨어뜨리고 말았어요.

　막내딸이 잃어버린 하늘나라 신의 무지갯빛 구슬 일곱 개는 정말 중요한 구슬이었어요. 봄이 오고, 여름이 오고, 또 가을이 오고, 그 뒤로 겨울이 오는 것은 순전히 이 구슬 일곱 개가 있기 때문에 가능하거든요.

　막내딸은 아빠가 구슬 주머니를 찾는 걸 보면서 그제야 어렵게 말을 꺼냈어요.

　"아버지. 사실은 제가……."

　"무슨 일인지 어서 말해보아라."

　"구슬 주머니를 가지고 놀다가 며칠 전에 실수로 저기 아래로 떨어뜨렸어요."

　막내딸은 구멍이 나 있는 구름 사이를 가리켰죠.

　"큰일 났네. 여봐라, 당장 밑으로 사자들을 보내 떨어진 구슬이 어디 있는지 알아보아라."

　인간 세상으로 내려와 구슬을 찾아 나선 사자들은 아래 세상에서 들은 카멜레온과 뱀의 이야기를 고스란히 하늘나라 신에게 전했어요.

　"그래. 그렇단 말이지. 그 마음씨 나쁜 뱀을 당장 잡아 오도록 해라."

　줄에 꽁꽁 묶여 하늘나라 신 앞으로 끌려온 큰 뱀은 도대체 무슨 영문인가 싶었어요.

큰 뱀이 어리둥절하던 사이, 머리 위로 하늘나라 신의 커다랗고 웅장한 목소리가 울렸어요.

"네 이놈. 못된 짓을 골라 한 너의 죄를 알겠느냐? 여봐라! 저 녀석이 나쁜 마음으로 먹었던 것을 몽땅 입 밖으로 꺼내놓아라."

"쿠쿠쿵."

하늘나라 신의 우렁찬 꾸짖음이 울려 퍼지자 구슬에서 까만빛 두 갈래가 뻗어 나왔어요.

섬뜩한 그 빛은 큰 뱀을 휘감더니 곧이어 뱀의 입을 위와 아래에서 무시무시한 힘으로 잡아당기기 시작했죠.

"으악."

정말 고통스러웠나 봐요. 입이 일자로 벌어진 뱀은 계속 비명을 질렀어요.

까만색 빛은 이윽고 큰 뱀의 몸속으로 들어갔어요.

"우웩."

뒤이어 큰 뱀은 그간 삼켰던 음식을 모조리 토하기 시작했죠.

결국 큰 뱀은 정신을 잃고 말았어요.

한참 뒤 큰 뱀이 정신을 차렸을 무렵, 곁에 있던 사자는 이렇게 말했어요.

"탐욕스러운 너는 앞으로 음식을 먹을 때마다 크건 작건 꼭꼭 씹어 먹지 못하고 통째로 삼켜야 하는 형벌 속에서 살 것이야."

큰 뱀은 눈물을 뚝뚝 흘리며 자신의 행동을 뉘우쳤지만 이미 때는 늦었죠.

그런데 큰 뱀이 토해낸 것 중에는 사람들한테 뺏어 먹은 음식 외에 마음씨 착한 카멜레온도 있었어요.

"으, 여기가 어디지?"

며칠 전 뱀이 꿀꺽 삼켰던 카멜레온은 아직 죽지 않고 살아 있었나 봐요.

하늘나라 신은 카멜레온을 가만히 바라봤죠. 그러고서는 따사로운 목소리로 말했어요.

"너는 참 착한 아이더구나. 이 보물 구슬을 나쁜 일에 쓰지 않고 남들을 도왔다지? 심성 고운 저 아이에게는 좋은 선물을 내려서 돌려보내도록 해라."

"쿠쿠쿵."

인자한 신의 목소리 뒤로 이번에는 구슬에서 환한 색이 하늘로 솟구쳤어요.

찬란한 빛은 이내 카멜레온에게 다가가 온몸을 휘감았어요.

그 빛이 얼마나 황홀한지 카멜레온도 정신을 잃었지요.

조금 있다 정신을 차린 카멜레온에게 사자는 자애로운 목소리로 말했어요.

"오늘부터 너는 원하는 대로 몸 색깔을 바꿀 수 있는 신비한 능력을 가지게 될 것이다. 늘 그러했듯이 요긴하게 쓰려무나."

그 뒤로 카멜레온은 정말 신기한 능력을 가지게 됐어요. 마음만 먹으면 언제든 원하는 색깔로 몸을 바꿀 수 있는 신묘한 능력 말이에요.

정말 신기하게도 카멜레온은 그때부터 딸기 옆에 서면 빨간색으로, 당근 곁에서는 주황색으로, 레몬 가까이 가면 노란색으로, 키위 옆에서는 초록색으로 바뀌었어요.

그렇다면 큰 뱀은 어떻게 되었을까요.

그 일이 있은 후 큰 뱀은 아무리 큰 음식도 절대 씹지 못하게 되었어요.

목이 막혀도 어쩔 수 없이 음식을 꾸역꾸역 고통스럽게 삼킬 수밖에 없게 된 거죠. 큼지막한 돼지를 먹을 때도, 코끼리를 먹을 때도 그 큰 것을 한꺼번에 삼켜야 했어요. 입이 찢어질 듯 아파도, 목이 막혀 죽을 것만 같아도 어쩔 수가 없었죠.

그리고 큰 뱀은 그 일이 있은 이후로 카멜레온을 단 한 번도 만나지 못했다고 해요.

큰 뱀이 다가올 때마다 카멜레온은 주변 색깔에 맞게 자신의 몸 색깔을 수시로 바꿨거든요.

"쇠라랑" 하면서 말이죠.

숲속에는 정말 신기한 일도 다 있죠?

우리 친구 돌고래

(와~ 돌고래다)

돌고래가 나타났어요
반갑다고 점프하네요
인사하러 나타났대요
우리 친구 돌고래

꼬리 흔들흔들
지느러미 흔들흔들
얼굴도 흔들흔들
흔들흔들 흔들

반갑다고 흔들흔들
인사하러 흔들흔들
우리 친구 돌고래
우리 친구 돌고래

이렇게 불러요

돌고래는 사람들에게 매우 친숙한 수중 포유류입니다. 매우 활발하게 행동하고, 호기심이 많아서 사람들에게 먼저 다가서곤 합니다. 수중 음파로 서로 대화하는 동물이기도 하죠. 노래를 부를 때는 마치 돌고래처럼 엄마, 아빠도 몸을 함께 흔들어주세요. 배 속의 태아도 즐겁고 신나는 기분을 느낄 수 있을 거예요. 만약 아이를 안고 있다면 모두 즐겁게 흔들흔들 춰을 추세요.

고릴라, 물개, 펭귄 등 서로 다른 종류의 동물이 보이는 독특한 움직임을 소재로 하는 노래입니다. 힘이 센 고릴라는 양손으로 북을 치듯 가슴을 두드립니다. 물개는 손바닥을 앞으로 내민 채 얼굴을 좌우로 흔들며 귀여운 소리를 냅니다. 뒤뚱거리는 펭귄의 걸음걸이는 정말 우스꽝스럽지요. 동물들의 독특한 특징을 엄마, 아빠가 먼저 표현해보세요. 훗날 아이들도 즐겁게 따라 할 거예요.

따라 해요 동물 친구들

쿵쾅 쿵쾅 쿵쾅 쿵쾅 손을 모으고
쿵쾅 쿵쾅 쿵쾅 쿵쾅 가슴 쳐봐요
쿵쾅 쿵쾅 쿵쾅 쿵쾅 왼쪽 오른쪽
쿵쾅 쿵쾅 쿵쾅 쿵쾅 고릴라같이

엉 엉 엉 엉 손을 앞으로
엉 엉 엉 엉 고개 흔들어
엉 엉 엉 엉 왼쪽 오른쪽
엉 엉 엉 엉 물개와 같이

뒤뚱 뒤뚱 뒤뚱 뒤뚱 손을 옆으로
뒤뚱 뒤뚱 뒤뚱 뒤뚱 엉덩이 흔들어
뒤뚱 뒤뚱 뒤뚱 뒤뚱 왼쪽 오른쪽
뒤뚱 뒤뚱 뒤뚱 뒤뚱 펭귄과 같이

우리 모두 따라 해요 동물 친구들
쿵쾅 쿵쾅 엉엉 뒤뚱 뒤뚱
쿵쾅 쿵쾅 엉엉 뒤뚱 뒤뚱

오징어 먹물

상어 한 마리 나타나서
오징어를 삼키려 해요

오징어가 먹물을 쏘며
도망가네요

슈욱 슉슉 슈욱 슉슉
깜깜하게 변했네요

오징어 먹물 오징어 먹물

똑똑하네요
참 똑똑하네요

이렇게 불러요

머리, 몸통, 다리 세 부분으로 이루어져 있는 오징어는 수중에 사는 대표적인 연체동물입니다. 몸 색깔을 바꿔 상대를 경고하는데 더욱 위급해지면 먹물을 쏩니다. 포식자에게 시각적인, 그리고 후각적인 혼선을 주어 위기를 모면하는 것이지요. 노래는 특이한 방식으로 자신을 방어하는 오징어, 그리고 오징어의 비장의 카드인 먹물을 소재로 합니다. 상어에게 먹물을 쏘고 도망치는 오징어의 그 특이한 모습을 형상화했습니다. 오징어 외에 다른 동물의 여러 가지 보호 수단에 대해서도 이야기를 나누어요.

꽃게가 물었네

꽃게가 물었네 아야
꽃게가 물었네 아야

꽃게 꽃게 꽃게 꽃게
꽃게가 물었네 아야

꽃게가 놓았네 잘가
꽃게가 놓았네 잘가

꽃게 꽃게 꽃게 꽃게
꽃게가 놓았네 잘가

꽃게가 걸었네 옆으로
꽃게가 걸었네 옆으로

꽃게 꽃게 꽃게 꽃게
꽃게가 걸었네 옆으로

🔊 이렇게 불러요

갑각류 중 하나인 꽃게는 바다에 가면 만날 수 있는 동물입니다. 천적이 나타나면 모래 구멍으로 급히 숨어버리고, 유독 큰 집게발로 자신을 방어하거나 사냥을 합니다. 앞으로 걷는 대신 옆으로 걷는 것도 특이합니다. 그래서 옆으로 걷는 걸음을 사람들은 '게걸음'이라고 일컫습니다. 게걸음을 흉내 내며 옆으로 왔다 갔다 움직이면서 재미있게 불러보세요.

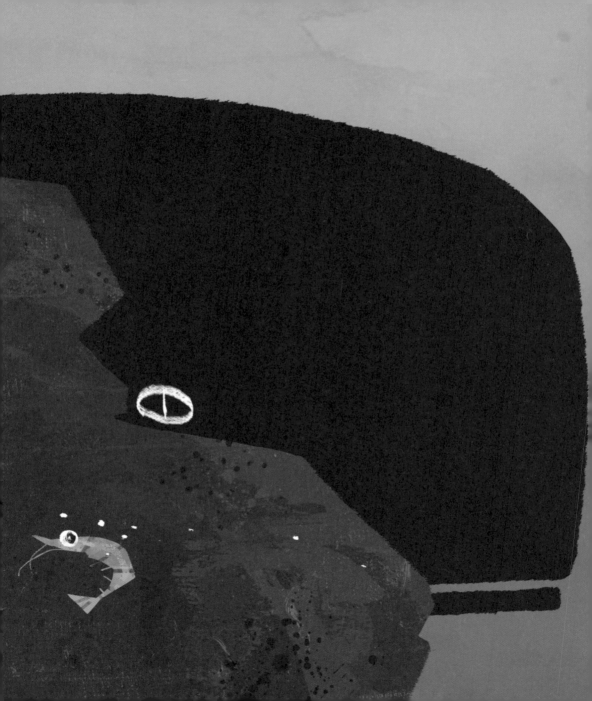

둥글둥글 새우등

둥그렇게 생겼네 새우등

무슨 일이 있었나 새우등

고래 싸움 때문에 휘었대

둥글둥글 새우등

 이 렇 게   불 러 요

'새우등은 왜 둥글까?' 라는 소소한 질문에서 시작된 노래입니다. 속담처럼 고래 싸움 때문에 새우등이
휘었다고 상상해봤는데요. 동물과 관련된 속담은 또 뭐가 있을까요? '하룻강아지 범 무서운 줄 모른다',
'소 잃고 외양간 고치기', '고양이 목에 방울 달기', '가재는 게 편', '닭 잡아먹고 오리발 내민다' 등이 있네
요. 아이에게 어려운 속담을 쉽고 재미있게 표현하며 이야기해주세요.

쏙쏙 거북이

거북이 한 마리
집을 나섰다가

천둥 치는 소리에
깜짝 놀랐네

쏙쏙쏙 머리 쏙쏙쏙 앞다리
쏙쏙쏙 뒷다리

쏙쏙쏙 숨었네 쏙쏙 숨었네
쏙쏙 숨었네

어? 거북이 어디 갔지?

 이렇게 불러요

거북은 지구상에 존재하는 가장 오래된 파충류 중 하나로 여겨집니다. 적으로부터 자신을 보호할 수 있
는 두꺼운 등껍질을 지니고 있죠. 위험을 느끼면 머리와 다리를 등껍질 속에 집어 넣고 죽은 척하기도 합
니다. 종이가 없었던 아주 오래전에는 거북 등껍질을 종이 삼아 글씨를 쓰기도 했어요. 노래는 천둥소리
를 들은 거북이 머리와 다리를 급하게 숨기는 상황을 소재로 했습니다.

양떼구름 엄마구름

두둥실 둥실 떠가는
저 구름 사이로

양 떼 닮은 구름 하나
흘러가네요

그 곁에서 어느새 피어난
예쁜 구름 하나

엄마 엄마 닮은 구름
나를 보고 웃네요

 이렇게 불러요

하늘에 흘러가는 구름을 함께 올려다볼까요. 구름이 어떤 모양인지 이야기를 나누어보세요. 엄마 닮은 구름, 아빠 닮은 구름, 양 떼 닮은 구름이 있으면 찾아보세요. 노래에 붙은 멜로디는 단조의 형식을 취하고 있습니다. 그래서 엄마에 대한 그리움이 더욱 진하게 배어나는 노래입니다. 아이를 키우는 동안 '엄마' 생각이 자주 나는 건 왜일까요? 이 노래를 부르며 엄마, 아빠의 '엄마'에 대한 추억도 함께 이야기 나눠보세요.

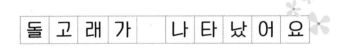

돌고래가 나타났어요

어느 한적한 어촌 마을에 형제 어부가 홀어머니를 모시며 살고 있었어요.

몇 해 전 아버지는 세상을 떠나면서 형에게 큰 배를 물려줬어요. 동생은 낡고 작은 배를 물려받았죠. 아버지는 세상을 떠나기 직전에 동생을 따로 불러 긴한 말을 남겼어요.

"너는 마음이 착하고 책임감이 강하니 어머니와 형을 잘 보살펴줘야 한다. 알았지?"

동생은 아버지가 남긴 말을 늘 떠올리곤 했어요.

"아버지가 돌아가신 뒤로 형님이 우리 집을 책임지는 가장이 되었으니 내가 더 잘해야겠어. 어머니가 형님을 또 크게 의지하시니 더욱 형님의 뜻을 따라야지."

무슨 일이 있을 때마다 동생은 형에게 양보했어요. 그래서인지 둘은 싸우는 일이 거의 없었죠.

사실 형은 무척 게으른 편이었어요.

아버지에게 큰 배를 물려받았지만 고기잡이 나가는 걸 좋아하지 않았어요.

그래서 어머니의 밥상을 차리는 것도, 집안일을 하는 것도, 물고기를 잡아서 집안 생계를 꾸리는 것도 대부분 동생의 몫이었어요.

동네 사람들은 이런 동생을 보고 늘 안타까워했어요.

"저렇게 착한 사람을 봤나. 그 집 형도 그렇지, 큰 배를 안 쓸 거면 차라리 동생한테 주든지, 욕심만 많아서는."

동네 사람들의 험담을 들을 때마다 동생은 형의 편에 서서 이야기했어요.

"아니에요. 그렇지 않아요. 저희 집은 형이 있어서 얼마나 든든한데요."

동생은 작은 배를 물려받았어도 늘 감사한 마음을 잊지 않았어요.

날씨는 화창하고 파도 또한 잔잔한 어느 날이었어요. 고기잡이를 나가기에 딱 좋은 날이었죠.

하지만 형은 그날도 여전히 빈둥거렸어요. 큰 배가 녹이 슬었지만 고칠 생각도 하지 않았죠.

　그런 형과 달리 동생은 부지런히 고기잡이 나갈 채비를 갖추고 있었어요.

　"오늘은 고기를 많이 잡아서 어머니와 형님을 기쁘게 해드려야겠어. 잡은 고기를 팔아서 맛있는 것도 사드려야지."

　그날따라 갈매기는 더욱 큰 소리를 내며 자유롭게 하늘을 날아다녔어요.

　"끼룩 끼룩 끼룩" 소리를 내며 말이죠.

　해안가 근처에 있는 물개들도 소리쳤어요.

　"엉 엉 엉 엉" 하며 말이에요.

　갈매기와 물개가 내는 소리는 평상시보다 유난히 컸어요. 오늘은 뭔가 특별한 일이 생길 모양인가 봐요.

　동생은 낡고 작은 나무배를 몰고 먼 바다로 나아갔어요.

　"영차, 영차."

　동생은 몇 시간 동안 쉴 새 없이 그물을 던졌다 올렸다 하며 열심히 일했어요.

　"와, 이건 오징어네. 다리가 열 개나 달렸어."

　오징어는 어부에게 잡히기 싫었는지 까만 먹물을 쏘아댔어요.

"어, 이건 문어야. 다리가 여덟 개인 걸 보니."

"어라, 이건 꽃게네. 날카로운 집게발을 조심해야겠어."

"허리가 둥그런 새우야, 안녕."

그날따라 동생은 고등어며 갈치까지 가득 잡아 배 위로 올렸어요.

"어이구, 이 고기를 잡아가면 어머니와 형님이 무척 좋아하겠는걸."

그러는 사이, 저 멀리 바다에서는 검은색 구름이 몰려오고 있었어요.
동생은 열심히 일하느라 미처 그 사실을 알지 못했죠.

맑았던 하늘은 언제 그랬냐는 듯 서서히 인상을 찌푸리기 시작했어요.

시커먼 구름이 하늘을 가리자 사방은 금세 어둑어둑해졌어요.

"번쩍, 쿠르릉 쾅쾅!"

그리고 번개가 하늘을 환하게 가르더니 갑자기 엄청난 소리를 내며
천둥이 울려 퍼졌어요.

바다 위에 떠 있던 거북도 갑작스런 번개와 천둥에 놀란 나머지 머리
와 다리를 몸통 속으로 쏙 넣었어요.

"후두둑, 쏴."

그러고는 장대비가 내리기 시작했어요.

"어이쿠, 갑자기 무슨 일이람?"

바람은 무척 거셌어요. 돛이 금방이라도 날아갈 것 같았죠.

"큰일 났네. 이러다가 돛대가 부러질 것 같아."

동생은 돛을 붙들랴, 흔들리는 몸을 바로잡으랴, 정신을 차릴 사이가 없었죠. 세찬 비가 동생의 얼굴을 잔뜩 때리고 있었어요.

"제발, 비야, 바람아, 멈춰다오."

"우르르 쾅쾅, 쏴."

동생의 바람과 달리 야속한 비는 더욱 세차게 몰아쳤어요. 천둥도, 번개도 도무지 멈출 기미를 보이지 않았죠.

강한 바람에 돛대가 부러질 듯 휘었어요.

절망스러운 일은 그것으로 끝이 아니었어요.

저기 멀리서 집채만큼 큰 파도가 밀려왔거든요. 파도는 커다란 입을 벌린 듯 무시무시한 모습으로 다가서고 있었죠. 동생의 배는 그 큰 파도를 견디기에는 너무 낡고 작았어요.

"철썩, 쏴! 빠지직, 쾅쾅."

파도가 배를 삼켜버린 순간 동생은 정신을 잃고 말았어요. 파도는 멈출 줄 모르고 계속해서 요동쳤어요. 바람도, 비도 한동안 거세게 휘몰아쳤죠.

얼마나 지났을까요?

가까스로 정신을 차린 동생은 주위를 살폈어요. 그제서야 자신이 바닷가 모래밭에 쓰러져 있다는 사실을 알게 됐죠.

돛도, 노도 온데간데없고 배는 여기저기 부서져 있었어요.

섬은 사람이 살지 않는 무인도였어요.

힘겹게 몸을 일으킨 동생은 바닷가를 둘러봤어요. 지난밤 바다를 요동치게 했던 커다란 태풍 탓인지, 해변은 온통 아수라장이 되어 있었어요.

"파닥파닥."

해변을 둘러보던 동생의 눈에 몸집이 큰 물체가 꿈틀거리는 모습이 들어왔어요.

"응? 저게 뭐지?"

조심스럽게 다가가 보니, 모래를 뒤집어쓴 돌고래 한 마리가 뭍에 갇혀 신음 소리를 내고 있었어요.

돌고래는 오도 가도 못한 채 고통스럽게 몸을 꿈틀댔죠. 태풍에 얼마나 시달렸는지 눈도 제대로 뜨지 못했어요.

"돌고래야, 너도 나처럼 간밤에 태풍을 만나 여기까지 떠밀려 왔구나. 이런 꼬리에 피가 나네. 가엾어라."

동생은 자신의 몸도 건사하기 힘들었지만 상처 입은 돌고래를 외면할 수가 없었어요.

"조금만 참아. 내가 도와줄게."

그날부터 동생은 돌고래를 정성껏 돌보기 시작했어요.

어렵게 잡은 작은 조개나 물고기를 반으로 잘라 돌고래와 나눠 먹고 상처도 치료해주었어요.

돌고래를 돌보는 틈틈이 동생은 고장 난 배를 수리했어요. 해변에 떨어진 나무판자를 모아 배에 난 구멍을 메워나갔죠.

그렇게 배는 차차 제 모습을 찾아갔어요. 돌고래도 동생의 정성스런 보살핌 덕분인지 서서히 기력을 되찾았어요.

밤이 되면 동생과 돌고래는 함께 하늘의 별을 바라봤어요. 초롱초롱 별이 빛날 때면 가족이 더욱 그리워졌죠.

그리운 마음을 달래기 위해 동생은 큰 소라로 만든 피리를 불었어요. 아름다운 피리 소리가 바다 먼 곳으로 울려 퍼졌어요.

돌고래는 동생의 피리 소리를 정말 좋아하는 것 같았어요.

"영차, 영차."

어느 날 아침, 동생은 이른 아침부터 해안가 모래를 힘겹게 파서 바다로 길을 내기 시작했어요. 돌고래를 먼 바다로 돌려보내기 위해서였죠.

동생이 며칠째 고생한 끝에 마침내 해변에는 바다로 이어지는 물길이 생겼어요. 이제 돌고래는 파도가 넘실대는 바다로 나갈 수 있게 됐어요.

　동생의 도움으로 비로소 바다로 되돌아갈 수 있었던 돌고래는 한참을 떠나지 못하고 동생을 바라봤어요. 그러더니 마치 인사라도 하듯 꼬리와 지느러미를 크게 흔든 뒤 깊은 바다로 나아갔죠.

　"끼익 끼익."

　돌고래가 무슨 말을 하는지는 알 수 없었지만 동생에게 고마움을 표현하는 소리 같았어요.

　홀로 남은 그날 밤은 더욱 적막하고 외로웠어요.

　하지만 곧 좋은 일이 생길 모양인지 별똥별 하나가 긴 궤적을 그리며 날아가고 있었어요.

　며칠 뒤 잠에서 깬 동생은 깜짝 놀랐어요.

　바다로 돌아갔던 돌고래가 눈앞에 다시 나타난 것 아니겠어요?

　이번에는 친구들도 함께 있었어요.

　"한 마리, 두 마리, 세 마리, 네 마리, 다섯 마리, 여섯 마리, 일곱 마리, 여덟 마리, 아홉 마리, 열 마리……."

　돌고래는 열 마리가 넘는 친구들과 함께 반갑게 꼬리를 흔들었어요.

　"돌고래야. 나를 잊지 않고 찾아와줘서 고마워."

　인사를 나눈 돌고래 친구들은 동생에게 커다란 조개를 여러 개 물어

다 주었어요.

"배고프니 먹으라는 거구나? 고마워. 그런데 이게 뭐야?"

돌고래들이 전해준 조개에는 두툼한 조갯살과 함께 큼지막하고 값비싼 진주 보석이 들어 있었어요.

"와, 이렇게 귀한 보석을 주다니. 돌고래들아, 고마워."

동생은 돌고래와 그 친구들의 도움을 받아 배를 끌고 바다로 나왔어요. 돌고래들이 배의 앞머리와 옆머리를 오가며 방향을 인도해주었죠.

돌고래들은 망망대해에서도 바닷길을 모두 다 아는 듯했어요. 동생이 어디에서 왔고, 어디로 가는지도 훤히 알고 있는 눈치였죠.

그렇게 며칠을 항해하던 어느 날, 저 멀리 항구가 나타났어요. 얼마나 반가운지 동생은 크게 소리쳤어요.

"와! 우리 집이다. 어머니, 형님, 제가 돌아왔어요."

죽은 줄 알았던 둘째 아들이 살아왔다는 소식에 어머니는 정신없이 항구로 뛰어갔어요.

"네가 돌아왔구나."

동생과 어머니는 한동안 부둥켜안고 울음을 터뜨렸어요.

그날 밤, 온 동네에서는 커다란 잔치가 벌어졌어요.

동생은 그동안 겪었던 태풍과 무인도에서 지낸 일, 그리고 신기한 돌고래들과의 만남에 대해 마을 사람들에게 이야기했어요. 동생이 돌고래들에게 받은 진주를 보여주자 모두가 놀라움을 금치 못했죠.

어머니는 아들에게 말했어요.

"이게 다 네가 착해서 복을 받은 것이란다."

그 뒤로도 동생이 배를 타고 바다로 나설 때마다 돌고래 친구들은 어김없이 나타났어요. 그러고는 물고기가 많은 곳으로 배를 안내했고, 동생은 차츰차츰 더 많은 고기를 잡게 되었죠.

그렇게 어부의 집은 행복한 일이 가득했죠.

하지만 욕심 많은 형은 동생의 행동이 탐탁지 않았어요.

"역시 동생은 배포가 작다니까. 한순간에 부자가 될 수 있는데 왜 힘들게 어부 일을 계속하고 있지? 바보같이."

깊은 밤, 형은 몰래 그물을 챙겨 항구로 나갔어요.

"이러면 꼼짝없이 잡히겠지?"

그러고는 동생의 배 주변에 그물을 쳤어요.

그날따라 밤하늘에는 별이 보이지 않았어요. 가끔씩 보이던 별똥별도 온전히 자취를 감춘 밤이었죠. 뭔가 좋지 않은 일이 일어날 것처럼 말이에요.

다음 날 아침 일찍 형은 어머니와 동생에게 멀리 여행을 떠나겠다는 말을 남기고 집을 나섰어요. 항구에 도착해보니 형이 쳐놓은 그물에 돌고래 수십 마리가 갇혀서 옴짝달싹하지 못하고 있었어요.

"나도 이제 부자가 되겠지."

겁에 잔뜩 질린 돌고래들은 두려움에 몸을 떨면서 울음을 터뜨렸어요.

형은 슬픈 돌고래의 울음소리에도 아랑곳하지 않고 콧노래를 부르며 돌고래들을 수레에 옮겨 실었어요.

형은 그 길로 곧장 산을 넘어 저 멀리 성벽 안에 사는 왕을 찾아갔어요.

"신기한 돌고래들을 왕께 바칩니다. 이 돌고래는 망망대해에서 위치를 잘 알고 있는 영특한 동물입니다. 게다가 바닷속 어디에 진주가 많은지도 잘 압니다."

왕은 형의 이야기에 호기심을 드러냈어요.

"그것이 사실이냐?"

왕이 관심을 기울이는 것을 보고 형은 속으로 이렇게 되뇌었어요.

'이제 됐어. 내게 굉장한 보물과 높은 관직을 내려주겠지. 나는 이제 엄청난 부자가 될 거야.'

형은 다시 왕에게 아부를 이어갔어요.

"왕께서 거느리는 해군을 돕는 데 이 돌고래를 쓰시고, 진주를 찾는 데 요긴하게 쓰시라고 이렇게 먼 길을 달려왔습니다."

"오호, 그렇단 말이지. 내가 너에게 후한 선물을 내리겠노라."

왕은 형에게 바닷길을 안내하는 해군의 높은 관직과 함께 큰 재물을 내렸어요.

멋진 옷과 기름진 음식을 먹으며 성곽 안에서 살게 된 형은 생각했어요.

'나는 정말 똑똑한 것 같아.'

형은 돌고래들이 도망가지 못하도록 밧줄로 꼬리를 꽁꽁 묶었어요. 줄에 묶인 돌고래들은 매일같이 힘들게 군함을 끌고 바다를 오가야 했죠. 꼬리에 꽉 매인 밧줄이 돌고래의 살을 파고들었어요.

형은 돌고래들이 길잡이를 제대로 하지 않으면 매질을 했어요. 먹을 것을 챙겨주는 일도 게을리했죠.

혹사당한 돌고래들은 매일같이 슬픈 울음소리를 내며 밤을 지새웠어요.

한편 동생은 갑자기 사라진 돌고래들이 너무 걱정되어 사방으로 찾아다녔지만 도무지 행방을 알 길이 없었어요.

별이 총총 뜬 어느 밤, 동생은 항구에 앉아 소라로 만든 피리를 꺼내 돌고래들에 대한 그리움의 노래를 불렀어요.

"피리리, 피리리."

아름다운 피리 소리는 파도를 타고 바람에 실려 저 멀리까지 퍼져 나갔어요.

"피리리, 피리리."

먼 곳에서 희미하게 들려오는 동생의 피리 소리를 돌고래들은 금세 알아차렸어요. 돌고래는 멀리서 나는 소리를 사람보다 훨씬 더 잘 들을 수 있는 능력이 있거든요.

그제야 돌고래들도 힘을 내기 시작했어요.

탈출하기 위해 필사적으로 서로의 밧줄을 물어뜯었어요.

동생은 밤마다 피리를 불었고, 피리 소리가 들릴 때마다 돌고래들은 힘을 내어 밧줄을 끊었어요. 돌고래들은 밧줄과의 사투를 며칠째 벌인 뒤 드디어 탈출에 성공할 수 있었어요. 그러고는 넓은 바다를 헤엄쳐 피리 소리가 들리는 곳으로 도망쳤어요.

그날 밤에도 어김없이 항구에서 피리를 불던 동생은 돌고래들을 발견하고선 뛸 듯이 기뻤어요.

"아니 너희들, 어디 있었던 거야? 이 밧줄은 다 뭐야?"

동생은 서둘러 돌고래 몸에 묶여 있던 밧줄을 떼어냈어요. 그리고 돌고래들을 어루만지며 놀란 마음을 안정시켜주었어요.

다음 날, 돌고래가 사라진 사실을 알고 왕은 진노했어요.

"나를 속인 녀석을 당장 잡아 가두어라."

왕은 형의 재산을 모두 빼앗고 관직도 박탈했어요.

결국 형은 감옥에 갇히고 말았어요.

동생은 한참이 지나고서야 형의 소식을 전해 들었어요. 성안에 갔다 돌아온 한 상인이 감옥에 갇혀 있는 형의 소식을 알려주었거든요.

그 길로 동생은 곧장 왕을 찾아갔어요.

"왕이시여, 제 형님을 용서해주세요. 병든 어머니가 형님을 간절히 기다리십니다. 차라리 제가 그 벌을 대신 받도록 해주십시오."

그제야 왕은 착한 동생의 사연을 알게 되었어요. 돌고래와의 남다른 인연도 뒤늦게 알아차렸죠.

"특별히 형을 용서하겠다. 대신 동생인 네가 그 관직과 재산을 물려받고 해군의 좋은 길잡이가 되어줄 수 있겠느냐?"

그렇게 동생은 높은 관직에 올랐어요. 그리고 받은 재산의 절반을 형에게 주었어요.

뒤늦게 잘못을 뉘우친 형은 동생 앞에서 눈물을 뚝뚝 흘렸지요.

이제 돌고래에게 줄 따위를 묶을 필요는 없었어요. 돌고래들은 동생이 타고 있는 배가 보이면 어김없이 다가와서 길잡이가 되었거든요.

그렇게 동생은 넓은 바다 곳곳을 자유롭게 누비고 다녔어요.

사람들은 바다를 지켜주는 돌고래에게 늘 감사한 마음을 지니게 되었어요. 돌고래에게 잘 대하고 먹이도 아낌없이 주었어요.

그렇게 사람과 돌고래는 가까운 친구가 되어갔어요.

아마 그때부터였을 거예요. 사람들이 탄 배가 지나갈 때면 돌고래가 불쑥 나타나기 시작한 것 말이에요.

이후로도 돌고래들은 배가 지나갈 때마다 지느러미도 흔들고, 꼬리도 흔들고, 소리도 내면서 함께 놀자고 재촉을 하죠.

거미는 몸에서 나오는 액으로 거미줄을 쳐서 곤충을 잡아먹고 삽니다. 거미줄은 곤충에게 매우 강력해요. 꼼짝없이 들러붙는 매우 강한 접착력도 지니고 있죠. 고무줄처럼 탄성이 있어서 웬만한 바람에도 끊어지지 않아요. 해충들을 먹고 사는 만큼 사람들에게 이로운 곤충이지만 숲속 깊은 곳에는 독이 있는 거미도 있으니 주의해야 해요. 노래를 부르고 난 후 엄마와 아빠는 거미가 어떤 방식으로 먹이를 잡는지 알기 쉽게 설명해주세요.

거미 엉덩이는 쭉쭉이

엉덩이에서 줄이 쭉쭉쭉
줄이 쭉쭉 줄이 쭉쭉

엉덩이에서 줄이 쭉쭉쭉
쭉쭉 쭉쭉 줄이 쭉쭉쭉

내려갈 때도 쭉쭉쭉
올라갈 때도 쭉쭉쭉

집을 지을 때도 쭉쭉쭉
밥 먹을 때도 쭉쭉쭉

엉덩이에서 줄이 쭉쭉쭉
쭉쭉 쭉쭉 줄이 쭉쭉쭉

쭉쭉 쭉쭉 줄이 쭉쭉쭉

왕눈이 부엉이

안경을 썼네요 부엉이
앞이 잘 안 보이나 봐요

아니야 그게 아니야
눈이 큰 거야

부리부리 부리부리
부리부리 부리부리
꿈뻑꿈뻑 꿈뻑꿈뻑

나는 왕눈이
나는야 왕눈이

 이렇게 불러요

부엉이는 컴컴한 밤에도 잘 날아다니는 동물이죠. 유독 큰 눈을 가지고 있고 특이하게도 목이 거의 360도
회전해서 주변을 정말 잘 살피죠. 부엉이 중 수리부엉이는 천연기념물로 국내에서 보호받는 귀한 동물이
에요. 이 노래는 부엉이 눈이 마치 안경 쓴 모습 같다는 상상에서 출발합니다. 부엉이는 자신의 진짜 눈이
라며 해명을 하죠. 부엉이가 해명하는 부분에서는 부엉이 아저씨처럼 진하고 굵은 목소리로 불러주세요.

줄무늬 얼룩말

흰 얼굴에 검은 줄을 그리고
검은 줄을 그려요

흰 등에도 검은 줄을 그리고
검은 줄을 그려요

흰 다리에도 검은 줄을 그리고
검은 줄을 그려요

흰 꼬리에도 검은 줄을 그리고
검은 줄을 그리면

얼, 룩, 말
얼, 룩, 말

이렇게 불러요

스케치북 속 그림이 진짜 동물로 살아난다면 얼마나 신기하고 재밌을까요. 흰 얼굴에 검은 줄을, 흰 등에
검은 줄을 그리다 보면 얼룩말이 되겠죠. 이 노래의 가사는 얼룩말의 특징과 그림의 진행 과정을 자연스
레 보여주고 있어요. 얼굴(머리), 등, 다리, 꼬리 등 동물의 주요 부위에 대한 용어도 노래를 부르다 보면
쉽게 익힐 수 있습니다.

독수리 타고

독수리 타고
하늘을 날았으면 좋겠네

저 산을 넘고 바다 건너
마음껏 가고파

파란 나라 예쁜 나라로
날아가고 싶어

해님 안녕 구름 안녕
친구들 모두 안녕

독수리 타고
하늘을 날았으면 좋겠네

저 산을 넘고 바다 건너
마음껏 가고파

마음껏 가고파
마음껏 가고파

아이들이 독수리를 탄 채 세상을 날아다니는 동화 같은 장면을 상상해보세요. 독수리를 타고 세상 곳곳을 누비는 기분은 어떨까요? 흥미로운 상상만으로도 아이들이 즐거울 수 있다면 좋겠습니다. 이 노래는 아름답고 고운 분위기를 더하기 위해 삼박자 왈츠 리듬을 채택했습니다. 부드러운 분위기 속에서 팔을 벌린 채 몸을 흔들며 노래를 부르다 보면 정말 하늘을 나는 듯한 기분이 들 거예요. 귀 기울이면 바람 소리도 들을 수 있어요.

🎧 이렇게 불러요

실제로 두더지를 보신 적이 있나요? 시골 어귀에서 만났던 두더지는 정말 독특했습니다. 땅을 파다 얼굴을 빼꼼 내미는 것이 정말 신기합니다. 발가락이 발달하여 땅굴을 잘 팔 수 있고, 몸이 원통 모양이어서 땅굴 속을 잘 돌아다닐 수 있죠. 노래를 따라 부르면서, 다양한 방향으로 움직이는 아이의 신비로운 태동도 함께 느껴보세요. 만약 자녀들이 있다면 옆으로, 앞으로, 뒤로, 위로 움직이면서 방향놀이를 해보세요.

두더지 작전

앞으로 땅을 파고 앞으로 땅을 파고
옆으로 땅을 파고 옆으로 땅을 파고
위로 땅을 파고 위로 땅을 파고

앗, 바위다

안 되겠다 저쪽 가서

앞으로 땅을 파고 앞으로 땅을 파고
옆으로 땅을 파고 옆으로 땅을 파고
위로 땅을 파고 위로 땅을 파고

아하 아하 아하 하늘이다
아하 아하 하늘 찾았네
아하 아하 하늘 찾았네

아휴 힘들어

코뿔소 가족

코에 뿔이 났네 코뿔소
코뿔소 코뿔소

코에 뿔이 났네 코뿔소
코뿔 코뿔 코뿔소

엄마 코뿔소 아빠 코뿔소
이모 코뿔소 삼촌 코뿔소
할머니 코뿔소 할아버지 코뿔소

코뿔소 가족 모두 뿔났네

코에 뿔이 났네 코뿔소
코뿔 코뿔 코뿔소
코뿔 코뿔 코뿔소

이렇게 불러요

코뿔소는 머리에 두 개 혹은 한 개의 뿔이 나 있습니다. 피부는 매우 두껍고 단단하지요. 마치 갑옷을 입은 것처럼 몸집이 매우 우람합니다. 코뿔소를 소재로 한 이 노래에는 엄마, 아빠, 이모, 삼촌, 할머니, 할아버지 등 가족의 호칭이 등장합니다. 가족 관계를 익히다 보면 가족의 무한한 사랑과 애정을 느낄 수 있답니다.

사자왕

길을 비켜라 길을 비켜라
나는야 사자왕이다

길을 비켜라 길을 비켜라
나는야 사자왕이다

어흥~ 하면서 뛰어가면
모두 다 비켜나지

어흥~ 하면서 노려보면
무서워 벌벌 떨지

길을 비켜라 길을 비켜라
나는야 사자왕이다

나는야 사자~ 왕이다
어흥~

이렇게 불러요

동물의 왕인 사자의 힘찬 행진이 느껴지나요? 어흥어흥 하며 부르는 이 노래는 힘이 넘치고 흥겨운 아이들에게 안성맞춤입니다. 당당하게, 씩씩하게, 힘차게 따라 부를 수 있습니다. 사자처럼 위풍당당하게 걸어가는 모습으로 부르면 더욱 흥이 납니다.

그 리 나 의 　 모 험

　　그리나는 열두 살 소녀예요.

　　'까르르' 하며 웃는 것이 너무 예쁜 아이죠. 인사성도 어찌나 밝은지 어른들은 이런 그리나를 정말 좋아한답니다.

　　그리나는 어른들에게도 상냥하지만, 동물을 사랑하고 보살피는 아이로도 유명했어요.

　　누군가가 동물을 괴롭히거나 동물이 위험에 빠진 순간을 절대로 그냥 지나치는 법이 없었죠.

　　주변 친구들은 종종 개구리도 잡고 잠자리도 잡아 장난치며 놀았어요.

　　그럴 때마다 그리나는 말했죠.

　　"얘들아. 약한 동물을 괴롭히지 마. 그러면 동물들이 아파하잖아."

　　그런 그리나의 참견이 친구들은 귀찮기만 했어요.

어느 날 아침, 그리나는 학교에 가고 있었어요.

"삑삑, 삑삑."

"이게 무슨 소리지?"

소리가 들리는 쪽으로 그리나는 다가갔어요.

"아, 예쁘게 생긴 새가 줄에 걸렸네. 밤새도록 이러고 있었던 거야?"

작고 파란 새는 사람들이 아무렇게나 쌓아 올린 그물에 몸이 걸려서 울고 있었어요.

"조금만 기다려, 내가 풀어줄게."

그리나는 조심스럽게 파랑새를 둘러싼 그물을 걷어냈어요.

"찌룩, 찌룩."

풀려난 파랑새는 그리나에게 고맙다고 인사를 하더니 멀리 날아갔죠.

"파랑새야, 다음부터는 조심해서 다녀."

"찌룩, 찌룩."

파랑새가 내는 맑은 소리는 한동안 파란 하늘을 메웠죠. 그리나는 다시 기분 좋게 길을 걷기 시작했어요.

"끙끙, 끙끙."

"어? 이건 무슨 소리지?"

이번에는 행색이 초라한 할머니가 길에 쓰러져 있었어요. 친구들은 낡고 허름한 옷을 입은 할머니에게서 냄새가 난다며 멀찌감치 지나쳐 갈 뿐이었죠.

"할머니, 어디 아프세요?"

그리나는 할머니에게 물었어요.

"며칠째 아무것도 못 먹었더니 기운이 하나도 없구나."

그리나는 바닥에 쓰러진 할머니를 부축해 일으키고 가방에서 도시락을 꺼냈어요. 엄마가 정성껏 싸준 점심 도시락이었죠.

"할머니, 이것 좀 드세요."

"너는 어떻게 하려고?"

"저는 괜찮아요. 아침에 많이 먹고 나왔는걸요."

기운이 없는 할머니를 위해 그리나는 음식을 직접 입에 넣어드렸어요. 식사를 마치자 기운이 돌아온 할머니는 그제야 자리에서 일어설 수 있었어요.

"참 고맙구나, 얘야. 보답으로 너에게 이걸 주마."

할머니의 손에는 반쯤 쓰다 남은 낡은 색연필 하나가 있었어요.

"힘든 일이 있을 때 이걸 써보렴. 그러면 이 색연필이 너를 도와줄 거야."

할머니는 당부의 말도 잊지 않았어요.

"하지만 꼭 기억해야 할 게 있어. 열 번을 사용하고 나면 색연필은 닳아 없어질 거야."

그리나가 색연필을 유심히 들여다보는 사이, 할머니는 소리도 없이 갑자기 사라졌어요.

"할머니! 어, 어디 가셨지?"

그리나는 그날 점심을 굶어야 했지만 웬지 마음만은 든든했어요.

그런데 어느 날부터인가 평화롭던 동네에 이상한 일이 생겨나기 시작했어요.

아이들이 하나둘씩 흔적도 없이 사라졌거든요.

그날도 또 한 명의 친구가 학교에 나오지 않았어요. 선생님은 학생들에게 캄캄한 밤에는 절대로 밖에 나가지 말라고 주의를 주었죠. 해가 떨어지려면 아직 한참 멀었는데도 선생님은 서둘러 학생들을 집으로 돌려보냈어요.

흉흉한 기운은 날이 갈수록 온 동네를 덮쳐갔어요.

다음 날 아침, 또 다른 이웃집에서 아이가 사라졌다고 해요. 이번에 사라진 아이는 그리나와 가깝게 지내던 친구 수진이었어요.

"그리나야, 창문을 꼭 잠그고 자야 해."

엄마는 걱정 가득한 얼굴로 그리나에게 말했어요.

어느 바람이 많이 불던 날, 그리나는 곤히 잠을 자고 있었어요.

"그리나야, 빨리 눈을 떠봐. 어서 일어나서 그림을 그리렴."

예쁘고 투명한 날개를 단 요정이 꿈속에 나타났는데, 신기하게도 꿈 속 요정의 목소리는 며칠 전에 만난 할머니와 비슷했어요.

요정의 목소리에 꿈에서 깬 그리나는 깜짝 놀랐어요.

커다랗고 무시무시한 그림자가 그리나의 집 창문으로 다가서고 있었거든요. 정체를 알 수 없는 커다란 그림자는 창문을 요란하게 흔들며 열려고 했어요. 이대로 있다가는 곧 창문이 부서질 거예요.

그때 할머니가 준 색연필이 떠올랐어요. 곧장 스케치북을 펼치고 그리나는 생각했어요.

"뭘 그리지? 그래!"

그리나는 커다란 거미를 그렸어요.

그러자 정말 신기한 일이 일어났어요. 도화지 속 거미가 꿈틀꿈틀하더니 진짜 살아 있는 거미로 변하는 것이 아니겠어요?

"그리나야, 안녕. 나는 거미 아저씨야. 금방 그림에서 깨어났어. 이제 아무 걱정 하지 말고 저기 침대 뒤에 숨어 있으렴."

거미는 재빨리 창문으로 가더니 굵고 기다란 줄을 엉덩이에서 뿜어내며 창문을 칭칭 동여매기 시작했어요. 마구 흔들리던 창문은 그제야 단단히 고정되는 듯했죠.

커다란 그림자는 한동안 계속해서 창문을 흔들었지만, 창문은 꿈쩍도 하지 않았죠.

밤새 두려움에 떨었던 그리나는 다음 날 아침에 눈을 떴어요. 주변을 살피니 천만다행으로 침대에 안전하게 누워 있었어요.

간밤에 본 거미 아저씨는 사라졌지만 창문에는 여전히 줄이 동여매어 있었어요. 스케치북을 펼치니 그림 속 거미가 살포시 미소를 머금은 채 웃고 있는 듯 보였어요.

그날 밤에는 다행히 동네에서 사라진 아이가 한 명도 없었다고 해요.

다음 날 밤에도 창문을 흔드는 소리가 옆집에서 울려 퍼졌어요.

"빠지직."

이윽고 창문이 부서지는 소리가 들려왔죠.

옆집은 그리나와 가장 친한 소원이의 집이에요.

이제 소원이까지 사라지면 동네에 남은 아이는 그리나뿐이에요.

그리나는 소원이가 너무 걱정이 됐어요.

"안 되겠어. 이대로 있을 수는 없어."

그리나는 스케치북을 꺼내 한참을 고민하다 커다란 부엉이를 그렸어요. 눈이 큼지막한 부엉이는 어두운 밤에도 잘 날아다니고 물체도 잘 알아보는 신기한 동물이죠.

"꿈틀꿈틀."

그림 속에서 깨어난 부엉이는 그리나에게 반가운 인사를 하더니 곧장 창문 밖으로 날아갔어요. 그렇게 사라졌던 부엉이는 며칠이 지나 그리나의 방으로 돌아왔어요.

"푸드득."

얼마나 멀리까지 갔다 왔는지 기진맥진한 모습이었죠. 깃털도 듬성듬성 빠져 있었어요.

가쁜 숨을 몰아쉬던 부엉이는 며칠간의 이야기를 들려주었어요.

"그리나야, 큰일 났어. 머리에 뿔이 달린 외눈박이 괴물이 마을 아이들을 모두 잡아갔어."

부엉이는 며칠 밤낮을 날아 외눈박이 괴물이 아이들을 어디로 데려가는지 뒤따랐다고 했어요.

"산을 넘고 강을 건너야 하는 아주 먼 곳이야. 괴물이 아이들을 모두 그곳으로 끌어갔어. 괴물은 아이들을 가둬놓고 한 명씩 잡아먹을 계획인 거야."

부엉이는 그리나에게 괴물의 정체는 물론 괴물이 사는 집도 자세히 알려주었어요.

아이들이 사라지자 학교도 문을 닫았어요. 놀이터도, 커다란 놀이공원도 사람을 찾을 수 없는 썰렁한 곳이 되어버렸지요.

아이들이 없는 마을에는 웃음도 자취를 감췄어요.

어른들은 슬픈 눈을 한 채 더 이상 웃지 않았죠.

"안 되겠어. 내가 친구들을 찾아 나서야겠어."

그리나는 부엉이가 알려준 길을 따라 그렇게 홀로 길을 떠났어요.

그림을 그릴 수 있는 스케치북을 가방에 제일 먼저 넣었고, 할머니의 색연필은 끈을 매달아 목에 걸었어요. 절대로 잃어버리면 안 되는 중요한 물건이니까요.

길은 무척 험난했어요.

제일 먼저 그리나를 가로막은 것은 울창한 숲속 가시덤불이었죠.

"아얏."

그리나는 덤불을 헤쳐 나가려 했지만 가시가 자꾸 찔러댔어요. 가시에 찔린 손가락에는 핏방울이 맺혔죠.

"그래, 이걸 그리면 되겠어."

쓱쓱, 싹싹. 그리나는 커다란 꽃게를 스케치북에 그렸어요.

꿈틀꿈틀 살아난 꽃게는 날카로운 집게발을 세워 가시덤불로 다가갔죠.

"뚝, 뚝, 뚝, 뚝."

가시를 하나씩 잘라준 꽃게의 도움으로 그리나는 무사히 덤불을 통과할 수 있었어요.

한참을 걷다 보니 어느덧 해가 졌어요. 사방이 어둠에 잠기자 그리나는 덜컥 겁이 났어요.

먼 숲에서 들려오는 낯선 소리는 으스스한 분위기를 한층 더 무섭게 만들었어요.

"너무 어두워. 어쩌지? 맞아! 그게 있었지."

그리나는 색연필을 꺼내 깜깜한 밤하늘에서 봤던 작은 반딧불이를 여럿 그려냈어요.

"꿈틀꿈틀."

반딧불이는 스케치북에서 뛰쳐나와 금세 주위를 환하게 밝혔어요.

그리나는 반딧불이의 도움으로 어두운 숲길을 씩씩하게 헤쳐 나갈 수 있었죠.

얼마나 걸었을까요?

너무 많이 걸은 탓에 그리나의 발은 퉁퉁 부었어요.

다리도 아프고 배도 고파서 그리나는 엄마가 있는 집으로 당장 돌아가고 싶은 마음이었지만 친구들을 생각하면서 힘을 내려고 노력했어요.

서두르지 않으면 아이들이 몽땅 외눈박이 괴물의 배 속으로 들어가

버리고 말 테니까요.

"더 이상은 도저히 못 걷겠어. 어떻게 하지."

그 순간 그리나에게 좋은 생각이 떠올랐어요. 그리나는 색연필로 까만 줄무늬가 멋진 얼룩말을 스케치북에 쓱싹쓱싹 그렸어요.

"히히힝, 그리나가 나를 그렸구나. 어서 내 등에 올라타렴."

얼룩말은 그리나를 태우고 신나게 달리기 시작했어요.

그렇게 하루쯤 쉼 없이 달리자 피곤했던 그리나는 달리는 얼룩말 위에 매달려 잠이 들었어요.

얼룩말은 얼마나 힘들었는지 잘 아는 것처럼 그리나가 떨어지지 않도록 조심조심 달렸어요.

그렇게 끊임없이 달리다 보니 어느새 커다란 호수에 다다랐어요.

얼룩말은 그리나를 깨웠어요.

"이히힝. 그리나야. 나는 여기까지란다."

그리나는 끝이 보이지 않는 넓은 호수를 보고 크게 낙담했어요.

열두 살 그리나가 깊은 호수를 헤엄쳐 건너는 것은 불가능해 보였거든요. 그렇다고 이대로 되돌아갈 수도 없었고요.

무슨 방법이 없을까. 그리나는 차분히 생각했어요.

"맞아! 그렇게 하면 되겠네."

이번에는 무엇을 그렸을까요?

그리나는 커다란 독수리를 그리는 중이었어요.

날렵한 깃털을 지닌 커다란 독수리는 그렇게 깨어났어요.

그림에서 깨어난 독수리는 긴 날개를 펼쳐서 크게 퍼덕였어요. 날개를 퍼덕거릴 때마다 호수에는 물결이 일렁거렸죠.

"그리나야, 어서 내 등에 타렴."

독수리는 냉큼 그리나를 태우고는 힘찬 날갯짓을 시작했어요. 그리나는 독수리를 탄 채 서서히 하늘을 오르고 있었죠.

하늘에서 바라본 풍경은 정말 근사했어요. 저 아래 호수도, 끝없이 이어진 산등성이도 너무 아름다웠어요. 둥실둥실 하늘을 날아다니는 기분 또한 무척이나 신기했죠.

해님도, 구름도 손에 잡힐 듯 가까웠어요.

뒤를 돌아보니 저기 멀리 그리나가 사는 마을도 보이는 듯했어요. 그리나는 마을 쪽을 보고 손을 한 번 흔들었죠.

그리나를 태운 독수리는 그렇게 둥실둥실 풍선처럼 가볍게 호수며 바다를 가로질렀어요.

한참 날아온 독수리는 어느 커다란 동굴 앞에 도착하자 그리나를 내려주었어요.

"그리나야, 이젠 헤어질 시간이야. 행운을 빌게!"

작별 인사를 한 독수리는 다시 스케치북 안으로 사라졌어요.

그리나가 도착한 동굴은 부엉이가 가르쳐준 대로 입구가 큰 바위로 가로막혀 있었어요. 저 바윗돌은 어찌나 크고 무거운지 힘센 외눈박이 괴물만이 열 수 있다고 했어요.

바위 뒤 동굴은 바로 무시무시한 괴물의 집이지만 친구들을 구하려면 저 안으로 들어가야만 해요. 용기를 내겠다고 다짐했지만 막상 동굴 앞에 다다르니 그리나도 긴장되는지 가슴이 쿵쾅쿵쾅 요동쳤어요.

그리나는 더 큰 두려움이 밀려와 포기하게 될까 봐 일부러 손에 힘을 꽉 주었어요.

그러고는 조용조용 발을 떼어 동굴 입구를 막아선 바윗돌로 다가갔어요. 숨을 죽인 채 바윗돌에 귀를 바싹 대자 익숙한 친구들의 목소리가 흘러나왔어요.

"사람 살려!"

"여기예요. 제발 구해주세요."

가만 보니 괴물은 잠시 외출한 모양이에요. 이번에는 건넛마을 아이들을 잡으러 갔나 봐요.

괴물이 나간 사이를 틈타 친구들은 구해달라고 크게 소리를 지르는 중이었죠.

그리나는 있는 힘을 다해 바윗돌을 밀어봤어요. 하지만 바윗돌은 꿈쩍도 하지 않았죠.

"도대체 이 바윗돌을 어떻게 하지?"

무거운 바위를 어떻게 옮겨야 하나 곰곰이 생각하던 그리나에게 기발한 방법이 떠올랐어요.

쓱싹쓱싹, 이번에 그리나가 그린 동물은 두더지였어요.

예전에 학교 뒤뜰에서 친구들과 놀 때 만났던 두더지는 정말 신기한 동물이었어요. 학교 운동장 밑 곳곳을 파서 땅속을 자유롭게 다니다가 가끔 머리를 쑥 내미는 모습이 정말 귀여웠죠.

그림 속에서 다시 깨어난 두더지는 반가운 목소리로 인사했어요.

"그리나를 이곳에서 다시 만나네."

"휫, 두더지야. 나를 좀 도와줄 수 있겠어?"

"그럼 당연하지."

두더지는 곧장 커다란 바윗돌 밑으로 들어가 땅굴을 파기 시작했어요.

두더지가 한창 땅 밑을 파고 있을 때 그리나는 자꾸만 줄어들고 있는 색연필을 바라봤어요.

"이제 그림을 그릴 수 있는 기회도 세 번밖에 남지 않았어. 아껴 쓰지 않으면 나중에 친구들을 구해낼 수가 없겠어."

깊은 생각에 잠겨 있던 그때 땅속에서 소리가 들려왔어요.

"그리나야, 여기야. 이곳으로 오면 돼."

두더지가 가리키는 곳을 보니 작은 불빛이 새어 나오고 있었어요. 그리나는 두더지가 만들어준 땅굴을 따라 동굴 속으로 들어갈 수 있었어요.

동굴은 지독한 냄새와 어둠으로 가득했어요.

숨을 죽인 채 주변을 둘러보니 창살이 세워져 있었고 그 안에 마을 친구들이 갇혀 있었어요. 까만 먼지를 뒤집어쓴 친구들은 두려움에 오들오들 떨었죠. 반가운 마을 친구 모두가 창살 속에서 웅크린 채 있었어요.

"얘들아, 나야, 나. 그리나."

친구들은 그제야 그리나를 알아보고 자신들을 구하러 왔다는 소리에 뛸 듯이 기뻐했어요.

하지만 바로 그때.

"쿠쿠쿵."

동굴 입구를 막고 있던 바윗돌이 갑자기 커다란 소리를 내며 움직이는 것 아니겠어요.

"쿵, 쿵, 쿵"

그러고는 무시무시한 외눈박이 괴물이 성큼성큼 동굴 안으로 들어섰어요.

이를 본 친구들은 일제히 소리쳤어요.

"그리나야. 도망쳐."

안타깝게도 그리나가 몸을 숨길 사이도 없이 괴물은 곧바로 내달려 커다란 손을 뻗어 그리나를 한 손에 움켜쥐었죠.

얼마나 빨랐는지 정말 눈 깜짝할 사이에 일어난 일이었어요.

"웬 녀석이야. 어쩐지 동굴 밖에서부터 맛있는 아이 냄새가 난다 했지. 제 발로 걸어 들어오다니. 이런 횡재가 다 있군."

이제야 모습을 드러낸 외눈박이 괴물은 정말 무섭게 생겼어요.

털이 듬성듬성 나 있었고, 양치질과 목욕을 몇 년째 하지 않았는지 엄청난 악취가 풍겼어요. 파리 떼가 괴물 주위를 맴돌 정도였죠.

괴물은 침을 뚝뚝 흘리며 그리나를 노려봤어요. 목소리는 또 얼마나 큰지 귀가 먹먹할 정도였다니까요.

"그런데, 요 녀석이 목에 걸고 있는 이 색연필은 뭐지?"

줄이 달린 색연필을 빼앗은 괴물은 동굴 벽에 낙서를 '휙' 하고 갈겼어요. 그러고는 재미가 없었는지 탁자 위에 올려두었어요.

이를 어째요? 괴물의 낙서 때문에 귀중한 기회가 하나 날아갔어요.

그다음 괴물은 그리나를 친구들과 함께 창살 안에 가두었어요.

"룰루랄라. 맛있는 음식을 해 먹어야겠어."

괴물은 큰 솥에 물을 끓이기 시작하더니 칼과 조리 도구를 준비했어요.

이제 곧 요리를 할 모양이에요.

그런데 큰 솥에서 물이 끓기를 한참 기다리던 괴물이 갑자기 졸음이 밀려오는지 하품을 하네요. 밤마다 아이들을 잡으러 다니느라 무척 피곤했나 봐요. 그러더니 곧 꾸벅꾸벅 졸기 시작했어요.

"저 색연필만 손에 넣으면 되는데. 으으으."

그리나는 숨을 죽인 채 잠든 괴물 옆 탁자로 손을 뻗어봤어요. 하지만 너무 멀리 떨어져 있어서 색연필을 손에 쥘 수 없었어요. 이대로라면 아이들은 오늘 밤 괴물의 먹이가 되고 말 거예요.

바로 그때였어요.

"파다닥" 하며 작은 파랑새 한 마리가 동굴로 날아들었어요.

얼마 전 그리나가 학교 앞에서 구해줬던 그 파랑새가 여전히 예쁜 날갯짓으로 날아오더니 탁자 위에 있던 색연필을 물어서 들어 올렸어요.

파랑새가 색연필을 물고 철창으로 날아가는 순간, 잠깐 졸던 괴물은 기척을 느끼고는 눈을 떴어요.

"이 작은 녀석은 또 뭐야. 에잇."

괴물이 파랑새를 잡으려고 손을 휘둘렀지만, 작은 파랑새는 괴물의 손가락 사이로 빠져나와 철창 안에 있는 그리나에게 색연필을 전해주었어요.

깜짝 놀란 괴물이 열쇠를 찾는 사이에 그리나는 가방 속 스케치북을 꺼내 커다란 코뿔소를 여러 마리 그렸어요.

"우~왕!"

코에 커다란 뿔을 가진 코뿔소들은 깨어나자마자 철창 안으로 들어선 괴물을 향해 돌진했어요. 코뿔소들은 코에 난 커다란 뿔로 괴물을 있는 힘껏 밀어붙였죠.

코뿔소에게 들이받힌 괴물은 잠시 주춤하는 듯했지만 곧바로 반격에 나섰어요.

무시무시한 싸움은 한동안 계속됐어요. 괴물과 코뿔소들이 서로 힘을 겨루는 소리가 동굴 밖까지 쩌렁쩌렁 울려 퍼졌어요.

한참 동안 용감히 싸우던 코뿔소들도 힘에 부쳤는지 괴물에게 밀리는 듯했어요.

바로 그때 그리나는 여러 마리의 사자 그림도 빠르게 그렸어요.

"이제 마지막이야. 제발."

"어흥."

깨어난 사자들은 더없이 용맹했어요. 왜 사자를 동물의 왕이라 부르는지 알 것 같았어요.

사자들은 날카로운 이빨과 발톱을 내세워 괴물을 계속 공격했어요. 곁에 있던 코뿔소들도 힘을 합쳐 괴물을 들이받았어요.

끝까지 싸우며 버티던 괴물은 '쿵' 하는 소리와 함께 드디어 바닥에 쓰러졌어요.

엄청난 싸움이 끝나고서야 동굴은 조용해졌어요.

"와!"

괴물이 쓰러지자 아이들은 큰 함성을 터뜨렸어요. 그리나도 정말 기뻤어요.

"그리나야, 정말 고마워."

친구들과 그리나는 서로를 부둥켜안고 울음을 터뜨렸어요.

"네가 왜 그렇게 동물들을 아끼고 돌봤는지 이제 알 것 같아."

그리나와 친구들은 그렇게 동굴을 빠져나올 수 있었어요.

그리나와 친구들은 길고 긴 모험의 길을 지나 드디어 집에 도착했어요. 아이들이 무사히 돌아오자 마을에는 다시 평화가 찾아왔어요. 그리고 사라졌던 웃음꽃도 활짝 피어났죠.

마을 사람들과 아이들은 용감하고 다정한 그리나를 정말 좋아했어요.

아이들이 돌아온 뒤 마을에는 동물들을 괴롭히는 사람이 한 명도 없었어요. 어른이고 아이고 모두가 위기에 빠진 동물들을 도와주곤 했어요.

　그렇게 그리나는 마을 사람들, 그리고 친구들과 함께 오래오래 행복
하게 살았답니다.

머리, 가슴, 배로 이루어진 개미는 다리 여섯 개와 긴 더듬이 두 개를 가진 곤충입니다. 여왕개미, 수개미, 일개미, 병정개미 등이 모여 무리 생활을 하죠. 길을 걸을 때는 줄을 지어 가고, 매우 강한 집게턱으로 단단한 것도 잘라낼 수 있습니다. 어떤 개미는 자신의 몸무게보다 무려 오십 배나 무거운 물체도 옮길 수 있다고 해요. 이 노래는 성실하고 부지런한 개미에게 열심히 일했으니 잠시 쉬었다 다시 일할 것을 권유합니다. 땅 위를 오가는 작은 개미에게 말을 걸듯이 경쾌하게 불러보세요.

어디 가니 개미야

어디 가니 어디 가니 개미야
줄 맞춰서 어디 가니

머리 위에 커다란 짐 지고서
나란히 어딜 가니

힘이 들면 쉬었다 가야지
그렇게 열심히만 가니

어디 가니 어디 가니 개미야
영차 영차 하면서 어디 가니

영차 영차 하면서 어디 가니

낙타는 간다

사막을 건너 오아시스로
큰 혹을 달고 오아시스로

지글지글지글 이글이글대는
태양을 피해 오아시스로

낙타는 간다 오아시스로

낙타는 간다 물을 찾아서

 이렇게 불러요

낙타는 오랜 시간 물이 없어도 견딜 수 있는 동물이에요. 모래 위도 잘 걸어 다녀서 사막 지역에서 중요한
교통수단이 되어줍니다. 물이나 음식을 삼 일간 먹지 않아도 버틸 수 있다죠. 이럴 때는 등에 있는 혹이
점점 작아져요. 사람들이 낙타를 타고 오아시스를 향하는 장면을 상상하며 '지글지글', '이글이글' 등의
어휘를 실감나게 표현해주세요.

🔘 이렇게 불러요

'똥'은 아마도 아이들이 제일 재미있어 하는 단어가 아닐까요. 그런 아이들이 크게 웃으며 부를 수 있는 노래입니다. 토끼 똥도 염소 똥과 비슷하게 생겼으니 2절은 토끼 똥으로 바꿔 불러도 재미있어요. 노래가 끝날 때까지 엄마, 아빠는 물론 아이의 웃음소리가 멈추지 않을 거예요.

염소똥

웃기게 생겼네 염소똥
웃기게 생겼네 염소똥

귀엽게 생겼네 염소똥
귀엽게 생겼네 염소똥

동글동글 초코볼같이 생겼네
앙증맞은 염소똥

웃기게 생겼네 염소똥
웃기게 생겼네 염소똥

귀엽게 생겼네 염소똥
귀엽게 생겼네 염소똥

동글동글 구슬같이 생겼네
귀여운 염소똥

귀여운 염소똥

고양이 놀이

(크게)
고양이 한 마리 살금살금
고양이 한 마리 살금살금
고양이 한 마리 살금살금
하나! 야옹

(작게)
고양이 두 마리 살금살금
고양이 두 마리 살금살금
고양이 두 마리 살금살금
둘! 야옹 야옹

(크게)
고양이 세 마리 살금살금
고양이 세 마리 살금살금
고양이 세 마리 살금살금
셋! 야옹 야옹 야옹

(작게)

고양이 네 마리 살금살금
고양이 네 마리 살금살금
고양이 네 마리 살금살금
넷! 야옹 야옹 야옹 야옹

(크게)
고양이 다섯 마리 살금살금
고양이 다섯 마리 살금살금
고양이 다섯 마리 살금살금
다섯! 야옹 야옹 야옹 야옹 야옹

🔊 이렇게 불러요

고양이 울음소리를 따라 하며 숫자도 익혀볼까요. 실제 고양이의 발걸음을 흉내 내며 1절은 크게, 2절은
작게, 3절은 크게, 4절은 작게 하는 등 완급을 주면서 불러보세요. 숫자도 세야 하고, 동시에 완급도 조절
해야 해서 어려울 수 있지만 아이는 작은 변화에도 즐거움을 느낄 거예요.

캥거루는 대표적인 유대동물로, 두 발로 폴짝폴짝 점프하듯 뛰어다닙니다. 가장 큰 특징으로는 아기 주머니(육아낭)를 꼽을 수 있습니다. 노래는 아기 캥거루 집이 어딘지를 묻는 것에서 시작해서 아기 캥거루가 애타게 찾던 집은 바로 엄마 배에 있는 속 주머니임을 일러줍니다. 아이와 엄마의 친밀도를 높일 수 있는 노래입니다.

아기 캥거루

아기 캥거루 엄마 모르게
폴~짝 집을 나와서

재밌게 놀고 신나게 뛰다
그만 집을 잃었네

여보세요 우리 집은 어딜까요?
이쪽일까요? 저쪽일까요?

여보세요 우리 집은 어딜까요?
이쪽일까? 저쪽일까?
어딜까?

아기 캥거루 엄마 소리에
폴짝폴짝 뛰어가

집을 찾았네 집을 찾았네
바로 엄마 배 속 주머니
바로 엄마 배 속 주머니

키다리 기린 아저씨

목이 길어요 다리도 길어요
키다리 기린 아저씨

옆집도 안녕 뒷집도 안녕
여기저기 모두 안녕 안녕 안녕

목이 길어요 다리도 길어요
키다리 기린 아저씨

목이 길어요 다리도 길어요
키다리 기린 아저씨

🔊 이렇게 불러요

목이 유달리 길고 키가 큰 기린에 대한 이야기입니다. 세상에서 가장 키가 큰 동물로 유명하죠. 어떤 기린
의 키는 5미터를 넘기도 합니다. 그래서 기린 아저씨에게는 특별한 에피소드도 생깁니다. 너무 큰 키 탓
에 옆집과 뒷집 담장 위로 기린 아저씨의 머리가 불쑥 보입니다. 기린 아저씨는 이웃을 볼 때마다 인사를
합니다. 여러분도 실제로 인사하듯 손을 흔들며 '안녕, 안녕, 안녕' 하고 불러주세요.

개미의 우정

산들바람이 동쪽에서 서쪽으로 부는, 어느 햇볕 따사로운 날이었어요.

"지지배배."

멀리서 아름다운 꾀꼬리의 노랫소리가 기분 좋게 들려오네요.

"영차, 영차."

땅 위에는 작은 개미 친구들이 총총 줄을 지어 어디론가 열심히 걸음을 옮기고 있었어요.

"영차, 영차, 영치기 영차! 얘들아, 조금만 더 힘내자."

개미들은 땀을 뻘뻘 흘리며 뭔가를 옮기는 중이에요.

한 개미는 티끌만 한 먹이를, 또 어떤 개미는 작은 과일 부스러기를 끙끙대며 머리에 짊어지고 있었죠. 개중에는 자기 몸보다 열 배쯤 큰 나뭇잎을 등에 진 개미도 있네요.

개미는 아주 작지만 자기 몸보다 큰 것도 가뿐히 들어 올릴 만큼 힘
이 센 곤충이에요.

무거운 물건은 개미 여러 마리가 함께 힘을 합쳐 옮기기도 해요. 작
은 곤충이지만 협동할 줄도 아는 똑똑한 친구들이랍니다.

머지않아 겨울이 올 모양이에요. 그래서 더 열심히 음식을 모으고 있
어요. 집도 튼튼하게 수리하는 중이어서 오늘은 이것저것 옮길 게 많은
가 봐요.

"영차, 영차. 어? 그런데 이게 무슨 산이지?"

개미 나라 친구들에게 오늘따라 이상한 일이 생겼어요. 갑자기 우뚝
솟은 산 하나가 개미들을 가로막는 것 아니겠어요?

"우리가 길을 잘못 든 거야?"

"글쎄, 늘 다니던 길인데. 이상한 일도 다 있네."

당황한 개미들은 짐을 잠시 내려둔 채 한참 동안 이야기를 주고받았
어요.

"어떻게 하지?"

"조금 있으면 해가 질 거야. 다른 길을 찾으려면 시간이 한참 걸릴
텐데."

그러자 길을 이끌던 대장 개미가 말했어요.

"돌아가는 것보다 산을 가로지르는 편이 더 빠르지 않을까?"

결국 개미들은 대장의 말을 따르기로 했어요.

"끙끙, 끙끙."

산을 타기 시작한 개미들은 땀을 흘리며 힘들어했지만 견딜 만했어요. 동쪽에서 불어오는 시원한 바람이 땀을 식혀주었거든요.

"영치기, 영차."

개미들이 겨우 골짜기를 하나 넘을 무렵이었어요.

"어라, 이건 또 뭐지?"

개미들 앞에 이번에는 양 갈래로 뻗은 커다란 동굴이 나타났어요.

"큰일 났네, 이번에는 무슨 동굴이래?"

가만 보니 동쪽에서 불어오던 산들바람은 동굴에서 나오던 것이었나 봐요.

개미들은 다시 머리를 맞대고 의논했어요.

"저 동굴이 지름길일 수 있으니 한번 가보자."

"그럼 반으로 나누어서 한쪽은 왼쪽 동굴로, 나머지는 오른쪽 동굴로 들어가자."

그렇게 두 팀으로 나뉜 개미들은 동굴 속으로 발을 내딛었어요.

하지만 어둠 때문에 앞이 잘 보이지 않아 개미들은 이리저리 부딪쳤어요. 어수선한 분위기 속에서 개미 떼 절반 정도가 동굴에 들어선 바로 그때였어요.

"에에에 에취. 에취."

엄청난 소리와 함께 세찬 비바람이 동굴 깊은 곳에서 불어 나오기 시작했어요.

갑작스런 비바람에 개미들은 동굴 속에 늘어진 검은색 나무줄기를 꽉 움켜쥐고 버텼어요. 하지만 다시 한 번 굉음과 함께 더 큰 비바람이 뿜어져 나왔어요.

"우와, 개미 살려."

개미들은 모두 동굴 밖으로 튕겨져 나왔어요.

동굴 밖도 아수라장이기는 마찬가지였어요. 이번에는 거대한 산이 꿈틀대기 시작하는 것 아니겠어요? 개미들은 일렁거리는 땅 때문에 제대로 서 있기조차 힘들었어요.

때마침 웅장한 소리가 하늘에서 들려오기 시작했어요.

"도대체 누가 단잠을 깨우는 거야?"

얼마나 쩌렁쩌렁하게 울리는지 귀가 먹먹할 정도였어요.

개미들이 밟고 올라섰던 거대한 산의 정체가 비로소 드러나는 순간이었어요.

알고 보니 산이 아니라 거대한 코끼리였어요. 멋모르고 들어섰던 어두 컴컴한 동굴은 코끼리의 기다란 코였고요.

정말 웃긴 일도 다 있죠?

개미들 때문에 잠에서 깨어난 코끼리는 화가 단단히 났어요.

"조그만 녀석들이 나를 놀리려고 성가시게 군 거야?"

코끼리는 개미가 자신을 놀리려고 일부러 장난을 쳤다고 오해했어요.

"나는 네 녀석들을 괴롭힌 적이 없는데 왜 너희는 나를 못살게 구는 거야?"

개미들은 아니라고 크게 소리를 질렀지만 화가 난 코끼리의 귀에는 전혀 들리지 않았어요.

"너희들, 다음에 또 그러면 정말 가만두지 않을 거야."

코끼리는 성난 발걸음으로 자리를 옮겼어요.

분이 풀리지 않았는지 기다란 꼬리로 연신 자신의 엉덩이를 치면서 말이에요.

개미들은 아무런 말도 하지 못한 채 육중하고 우람한 코끼리의 엉덩이를 뚫어지게 바라보고만 있어야 했죠.

"어쩌지, 어떻게 하면 오해를 풀 수 있을까?"

개미들은 토라진 코끼리가 여간 신경 쓰이는 게 아니었죠.

"쿵, 쿵, 쿵."

며칠 뒤 코끼리는 큰 발자국 소리를 내며 개미 곁을 지나갔어요.

"안녕, 코끼리야."

개미들은 코끼리에게 반갑게 인사를 건넸어요.

"흥!"

코끼리는 여전히 화가 풀리지 않은 듯 인사도 받지 않고 지나쳐 갔어요. 이후로도 개미는 여러 번 화해를 청해봤지만 늘 허사였어요.

그러던 어느 날이었어요.

진흙으로 목욕하는 걸 좋아하는 코끼리는 그날도 진흙 목욕을 하려고 물웅덩이를 찾았어요. 하지만 물웅덩이는 요 며칠 내린 비로 생각보다 무척 깊었어요.

"어푸, 어푸. 오늘은 물이 왜 이렇게 깊지?"

별생각 없이 들어섰는데 그만 깊은 웅덩이에 코끼리의 몸이 '쏙' 하고 빠져버리는 것 아니겠어요.

"허우적, 허우적."

코끼리가 바둥거릴 때마다 웅덩이는 점점 더 넓어지고 깊어졌어요.

"어어, 코끼리 살려. 거기 누구 나 좀 살려줘요."

숲속 동물들이 코끼리의 다급한 소리를 듣고 물웅덩이로 뛰어갔어요.

때마침 지나가던 낙타도, 그리고 염소, 고양이, 캥거루도 모두 몰려

왔지만 발만 동동 구를 뿐 도울 방법이 떠오르지 않았어요. 코끼리의 몸집이 너무 커서 구하려는 동물마저 물웅덩이에 함께 빠질 만큼 위험해 보였으니까요.

시간이 흐를수록 코끼리는 지쳐서 힘이 점점 빠졌어요. 이러다가는 목숨을 잃을 것만 같았죠.

개미 나라 친구들은 이날도 수천, 수만 마리쯤 모여서 열심히 일을 하던 중이었어요. 그러다 마침 물웅덩이를 지나던 개미 친구들도 위급한 장면을 지켜보게 되었어요.

"저러다가 정말 큰일 나겠어."

개미들은 짐을 모두 땅에 내려놓고 서로 머리를 맞대어 고민했어요.

주위를 둘러보니 굵은 나뭇가지 하나가 물웅덩이 위를 길게 가로지르고 있었어요.

"친구들, 모두 저 나무 위로 모여봐!"

대장 개미가 말하자 개미들은 일제히 나뭇가지 위로 올라가기 시작했어요. 그러고는 구령에 맞추어 다 함께 나뭇가지를 갉기 시작했어요.

"하나, 둘, 사각, 사각! 하나, 둘, 사각, 사각!"

개미들이 한꺼번에 나뭇가지를 갉으니 그 소리가 무척 컸어요. 작은 개미들의 턱은 정말 강했어요. 그들이 함께 뭉쳐서 보여주는 힘은 더더욱 놀라웠죠. 코끼리도 쉽게 부러뜨리지 못하는 굵은 나뭇가지가 서서히 잘리고 있었어요.

그 사이 코끼리는 한계에 다다랐어요.

바둥거릴 힘조차 없는 코끼리는 슬픈 눈망울로 머리 위 개미 친구들을 쳐다보았죠.

바로 그때였어요.

"빠지직, 풍덩."

굵은 나뭇가지가 큰소리를 내며 부러지더니 물웅덩이 속으로 떨어졌어요. 코끼리는 남은 힘을 다해 긴 코를 뻗어 나뭇가지를 겨우 붙들었어요.

그제야 코끼리는 발을 굴러서 물가로 나올 수 있었어요. 그렇게 코끼리는 목숨을 건졌어요.

자신을 구하기 위해 애쓴 개미 친구들을 보자 코끼리는 감동의 눈물이 흘렀어요.

"정말 고마워, 이렇게 좋은 친구들인 줄도 모르고 그동안 정말 미안했어."

코끼리와 개미들은 그제야 화해를 했어요.

그러던 어느 날, 숲속에 엄청난 비가 쏟아졌어요.

빗줄기는 무척 세찼고 그칠 기미가 보이지 않았어요. 그 뒤로 계속해서 내리는 비에 숲이 온통 물바다가 될 것 같았어요.

집에 물이 들어차기 시작하자 동물들은 서둘러 나무 위로 몸을 피했어요.

그때 문득 코끼리는 비가 내리는 하늘을 걱정스럽게 쳐다보았어요.

"하늘에 구멍이라도 났나? 이러다가 개미 친구들이 위험에 빠지겠어."

개미들의 집은 땅속에 있었어요. 홍수가 나면 집이 잠길 수도 있으니 코끼리는 그런 개미들이 걱정되었어요.

결국 코끼리는 비를 흠뻑 맞으며 개미 나라를 찾아갔어요.

코끼리의 걱정대로 개미 나라는 온통 물난리가 났어요. 몇몇 개미들은 이미 물에 떠내려가고 있었죠.

깜짝 놀란 코끼리는 주저하지 않고 곧바로 긴 코를 개미 나라 입구에 가져다 댔어요. 그러고는 개미 나라로 흘러드는 물을 연신 빨아 당기기 시작했어요.

조금 있다가는 "푸" 하고 코를 불어 멀리 숲 밖으로 물을 뿜어냈죠.

"흡" 하고 빗물을 뽑고, "푸" 하고 빗물을 뿜는 식이었죠.

코끼리는 거센 비를 온몸으로 맞으면서 개미들을 살리기 위해 혼신을 다했어요.

얼마나 많은 시간이 흘렀을까요.

"흡, 푸. 흡, 푸."

너무 힘이 들었지만 코끼리는 절대로 포기하지 않았어요.

목숨처럼 귀한 시간은 그렇게 지나가고 있었어요.

그렇게 한참이 지난 후 드디어 비가 그쳤어요. 언제 그랬냐는 듯 먹구름이 걷히고 해님이 얼굴을 내비쳤죠.

코끼리는 지쳐 쓰러질 것 같았지만 표정만은 밝았어요.

"코끼리야. 정말 고마워. 네가 아니었으면 우리는 모두 목숨을 잃을 뻔 했어."

개미 나라 친구들은 코끼리에게 감사 인사를 아끼지 않았어요.

하지만 코끼리는 자기가 한 일이 대단하지 않다는 듯 차분하게 말했어요.

"아니야. 너희도 나를 구해줬잖아. 모두 무사해서 정말 다행이야."

그 일이 있은 후 코끼리와 개미들은 둘도 없는 친구가 되었답니다.

그렇게 숲속은 언제나 평화로울 것만 같았어요.

"이쪽으로 몰아, 이쪽이야. 이쪽!"

어느 날 멀리서 사람들의 무서운 외침 소리가 들려왔어요.

조용했던 숲에서는 곧이어 한바탕 소란이 일어났죠. 무슨 일 때문인지 총을 둘러멘 사람들이 코끼리들을 마구 잡아들이고 있었어요. 곁에는 목이 긴 기린 아저씨들도 있었지만 사람들은 유독 코끼리만을 뒤쫓았어요.

개미들과 친구인 코끼리도 사냥꾼들에게 쫓기다가 결국 커다란 그물에 잡히고 말았어요.

사람들은 그물 속 코끼리에게 마취 총을 쏘았어요. 코끼리는 정신이 혼미해지더니 곧 바닥에 털썩 쓰러지고 말았죠. 무심한 표정의 사람들은 쓰러진 코끼리의 발을 두꺼운 밧줄로 꽁꽁 묶었어요.

사냥꾼들은 눈을 돌려 이번에는 다른 코끼리들을 노렸어요. 다른 코끼리들도 도망가려 발버둥을 쳐봤지만 소용없었어요.

사람들은 이번에는 전기가 통하는 긴 쇠막대기를 든 채 코끼리들에게 겁을 주었거든요. 코끼리가 말을 듣지 않으면 어김없이 찌릿 전기가 통하는 쇠막대기를 코끼리 몸에 가져갔어요.

그럴 때마다 코끼리들은 큰 비명을 지르며 땅바닥에 털썩 쓰러졌어요. 숲속은 온통 코끼리들의 비명과 울음소리로 가득했죠.

숲속 동물들은 이 무시무시한 장면을 모두 지켜봤어요. 하지만 도저히 어떻게 할 방법이 없었죠. 마취 총과 전기 쇠막대기를 무기로 쓰는 사냥꾼에게 맞서다가는 자신도 죽음을 면치 못할 것이 뻔했으니까요.

시간이 한참 흐른 뒤, 코끼리가 눈을 떠보니 주위에는 자신처럼 끌려온 코끼리 친구들이 커다란 우리에 갇혀 있었어요. 모두의 다리에는 두꺼운 밧줄이 묶여 있었죠.

그리고 우리 옆방에서는 날카로운 전기톱 소리가 요란하게 울렸어요.

도대체 무슨 일이 벌어지는 걸까요?

갇혀 있던 코끼리들은 사냥꾼들이 하는 이야기를 엿들을 수 있었어요.

"상아를 내다 팔면 큰돈을 벌 수 있다니까. 하하."

코끼리 코 옆에 난 뿔 모양의 이빨이 시장에서 값비싸게 팔린다고 해요. 그래서 돈 욕심으로 가득 찬 사람들이 코끼리를 잡아 상아를 떼고 난 다음 서커스단에 팔아버렸어요. 결국 코끼리들은 상아가 잘린 채 전국 각지로 뿔뿔이 흩어지는 처지가 되었죠.

언제 상아가 잘리고 서커스단에 팔릴지 모르는 두려운 시간이 계속 흘렀어요.

매일 두려움에 떨고 있는 코끼리들에게 그날도 어김없이 으슥한 밤이 찾아왔어요.

사람들이 모두 깊은 잠에 빠진 시간이었어요.

코끼리들은 슬픔과 걱정에 가득 차서 잠을 이루지 못했어요.

모두가 체념을 하던 바로 그때였어요.

"빨리 탈출해야지, 뭐 하고 있는 거야!"

어디선가 들려오는 소리에 코끼리들은 주위를 두리번거렸어요.

"아, 너희들이구나!"

개미를 친구로 둔 코끼리는 금세 친구들의 목소리를 알아차렸어요.

그러고 보니 바닥과 천장은 온통 개미 친구들로 가득했어요.

이날은 코끼리들을 도와주기 위해 개미 나라 친구들이 모두 출동한 모양이에요.

"꾸물거릴 시간이 없어. 어서 서두르자."

대장 개미가 구령을 외치자 개미 나라 친구들은 일제히 움직이기 시작했어요.

"하나! 둘! 하나! 둘! 영치기, 영차!"

그러더니 코끼리들을 묶어놓은 밧줄을 갉아대기 시작했죠.

"삭, 삭, 삭, 삭."

"하나! 둘! 하나! 둘! 영치기, 영차!"

그렇게 개미들은 쉬지도 않고 밧줄을 갉았어요.

그사이 다른 개미들은 모래알을 하나씩 들고서는 사람들이 놓아둔 마취 총과 전기톱 안으로 들어가는 중이었어요.

기계들을 고장 낼 계획인가 봐요.

사람들이 깨기 전에 일을 마치기 위해 개미들은 서둘렀어요.

"조금만, 더, 조금만 더"

아침이 밝아올 때쯤에야 탈출 작전은 마무리되었어요.

"툭, 툭, 툭."

코끼리와 우리의 문을 묶어두었던 밧줄이 경쾌한 소리를 내며 끊어졌어요.

"와, 이제 탈출이다."

코끼리들은 기뻐서 소리쳤어요.

그런데 그때 마침 잠에서 깨어난 사냥꾼들이 코끼리의 환호 소리를 듣고 우리로 급히 뛰어왔어요.

코끼리를 묶은 밧줄이 모두 끊어지고 우리의 문이 열려 있는 것을 발견하고는 서둘러 전기톱과 무기를 찾았지만 개미들이 이미 고장 냈기에 무용지물이었죠.

"아니. 이게 왜 안 되는 거야?"

당황하며 꼼짝도 못 하는 사냥꾼들을 보자 코끼리들은 용기가 솟았어요. 무리를 지어 일제히 사냥꾼들에게 다가가자 그들은 겁에 질려 도망가기 바빴어요.

"으아, 사람 살려."

코끼리들은 사냥꾼들이 세워놓은 우리와 움막도 모두 무너뜨렸어요. 그리고 사람들이 들고 있던 장비도 모두 짓눌러 망가뜨렸죠.

한바탕 소동이 끝난 뒤 코끼리들은 개미들에게 고맙다는 인사를 잊지 않았어요.

"정말 고마워, 개미들아!"

개미들은 머리를 긁적이며 말했어요.

"아니야, 저번에 홍수가 났을 때 네가 우리를 구해줬잖아. 네 도움이 없었다면 정말 우리는 모두 빗물에 떠내려가고 말았을 거야."

풀려난 코끼리들은 개미 친구들을 등에 싣고 숲으로 돌아왔어요.

그렇게 숲속에는 다시 평화가 찾아왔어요.

개미와 코끼리들은 이후로도 서로를 도왔어요.

위기에 놓일 때마다 힘을 합쳐 어려움을 이겨나갔죠. 숲에서 몸집이 제일 작은 개미와 제일 큰 코끼리는 그렇게 둘도 없는 친구가 되어 오래도록 우정을 나누며 살았답니다.

엄마·아빠 목소리로 전하는 감성 태교
하루 5분 말놀이 태교 동요

초판 1쇄 발행 2018년 7월 10일
초판 3쇄 발행 2022년 5월 3일

지은이 강물처럼
그린이 위현송
펴낸이 이승현

편집1 본부장 한수미
에세이1 팀장 최유연
디자인 이성희

펴낸곳 ㈜위즈덤하우스 **출판등록** 2000년 5월 23일 제13-1071호
주소 서울특별시 마포구 양화로 19 합정오피스빌딩 17층
전화 02) 2179-5600 **홈페이지** www.wisdomhouse.co.kr

ⓒ 강물처럼, 2018

ISBN 979-11-89125-31-8 13590

예비 엄마, 아빠를 위한 필독서

하루 5분 엄마 목소리
하루 5분 아빠 목소리

정홍 글 | 김승연 그림 | 각권 16,000원

태교 분야 베스트셀러, 부모들이 꿈꾸던 태교 동화!
'정서적으로 안정된 부모'와 '마음이 건강한 아이'에서 출발한
이 책은 각각 10편의 창작 동화로 이루어졌습니다. 다양한 감
정과 정서적 경험을 누릴 수 있는 특별한 태교 동화를 읽으며
'부모가 된다는 것'의 참된 의미를 생각해보는 소중한 시간을
선물합니다.

하루 5분 탈무드 태교 동화

정홍 글 | 애슝 그림 | 17,000원

생각은 슬기롭고 마음은 아름답게!
탈무드는 여백의 책이라고 합니다. 이야기를 한 번 읽는 데 그
치지 않고, 자기만의 상상과 해석으로 그 여백을 채운다는 뜻
입니다. 그래서 탈무드에 실린 이야기들은 지금도 수많은 의미
를 낳고 있습니다. 『하루 5분 탈무드 태교 동화』는 단순히 교훈
을 전하기보다 행간에 숨어 있는 가치를 전달하고 그 여백을
채우며 삶의 의미를 깨닫는 이야기들로 구성되어 있습니다.

CD 순서 ————————————————————————

CREDIT
Composed by 강물처럼
Lyrics by 강물처럼
Arranged by 라쏘
Song by 박가경, 박소윤
MIX & Master by 2%
Music Produced by 백일하
Executive Produced by 강물처럼

CD 수록곡은 음원사이트의 유료회원인 경우
〈동물나라 동물동요 30_하루 5분 말놀이 태교동요〉를
검색하여 온라인이나 모바일로도 감상할 수 있습니다.